Paulo Roberto Barsano
Rildo Pereira Barbosa
Emanoela Gonçalves
Suerlane Pereira da Silva Soares

BIOSSEGURANÇA
AÇÕES FUNDAMENTAIS PARA PROMOÇÃO DA SAÚDE

2ª EDIÇÃO

érica

saraiva EDUCAÇÃO | **érica**

Av. Paulista, 901, 3º andar
Bela Vista - São Paulo - SP - CEP: 01311-100

SAC Dúvidas referentes a conteúdo editorial, material de apoio e reclamações:
sac.sets@somoseducacao.com.br

Direção executiva	Flávia Alves Bravin
Direção editorial	Renata Pascual Müller
Gerência editorial	Rita de Cássia S. Puoço
Aquisições	Rosana Ap. Alves dos Santos
Edição	Paula Hercy Cardoso Craveiro
	Silvia Campos Ferreira
Produção editorial	Laudemir Marinho dos Santos
Projetos e serviços editoriais	Breno Lopes de Souza
	Josiane de Araujo Rodrigues
	Kelli Priscila Pinto
	Laura Paraíso Buldrini Filogônio
	Marília Cordeiro
	Mônica Gonçalves Dias
Revisão	Gilda Barros Cardoso
Diagramação	Ione Franco
Capa	Deborah Mattos
Impressão e acabamento	Bartira

DADOS INTERNACIONAIS DE CATALOGAÇÃO NA PUBLICAÇÃO (CIP)
ANGÉLICA ILACQUA CRB-8/7057

Barsano, Paulo Roberto
Biossegurança : ações fundamentais para promoção da saúde / Paulo Roberto Barsano...[et al.]. - 2. ed. - São Paulo : Érica, 2020.
128 p. (Eixos)

Outros autores: Rildo Pereira Barbosa, Emanoela Gonçalves e Suerlane Pereira da Silva Soares

Bibliografia
ISBN 978-85-365-3284-4

1. Biossegurança 2. Hospitais - Medidas de segurança 3. Laboratórios médicos - Medidas de segurança 4. Saúde – Promoção 5. Segurança do trabalho 6. Serviço de saúde – Administração I. Barsano, Paulo Roberto

20-1355

CDD 363.15
CDU 613.6

Índice para catálogo sistemático:
1. Ações fundamentais para promoção da saúde : Biossegurança: Segurança do trabalho : Serviços de saúde

Copyright © Paulo Roberto Barsano [et al.]
2020 Saraiva Educação
Todos os direitos reservados.

2ª edição
2020

Nenhuma parte desta publicação poderá ser reproduzida por qualquer meio ou forma sem a prévia autorização da Saraiva Educação. A violação dos direitos autorais é crime estabelecido na Lei n. 9.610/98 e punido pelo art. 184 do Código Penal.

| CO | 647346 | CL | 642522 | CAE | 724460 |

AGRADECIMENTOS

A Deus, por proporcionar mais este projeto de vida, e por transformar um menino pobre em um escritor brilhante.

Aos meus pais, Paulo Barsano (*in memoriam*) e Maria Barsano, por tanta simplicidade, afeto, carinho e amor na educação de seus três filhos.

À minha filha, Sofia Barsano, beleza inexplicável como o nascer do sol, inspiração espiritual para os que a cercam, sensibilidade natural, por tanta energia, garra, perseverança e alegria.

Aos ilustres leitores, que, pela simplicidade de ter adquirido esta obra, ajudam-me a cravar no peito a esperança de uma vida melhor.

A todos os que, direta ou indiretamente, acreditaram, incentivaram e concorreram para o sucesso deste livro didático, uma ferramenta essencial a todos os estudiosos e amantes da área de saúde.

Meu eterno agradecimento.

Paulo Roberto Barsano

A Deus (claro, sempre em primeiro lugar).

À minha família e aos meus amigos.

À todos profissionais envolvidos que acreditaram nessa parceria.

Rildo Pereira Barbosa

Primeiramente, quero agradecer ao escritor Paulo Barsano o convite e a oportunidade para participar desta obra. Agradeço todo o apoio familiar, mas com especial carinho à minha querida mãe Maria Aparecida, à minha irmã Cristina de Cássia e à minha sobrinha Julia Cristina; se não fosse o apoio delas, eu não teria conseguido.

Emanoela Gonçalves

A Deus, por tudo de bom, pela família, pela saúde, pelas oportunidades.

À minha querida mãe, Selma Pereira, que tanto me ajudou e me orientou, por tanto amor, carinho e simplicidade.

Ao meu querido pai, Luiz Soares, homem simples e amoroso, um pai maravilhoso, por tantos conselhos e lições de vida.

Suerlane Pereira da Silva Soares

ESTE LIVRO POSSUI MATERIAL DIGITAL EXCLUSIVO

Para enriquecer a experiência de ensino e aprendizagem por meio de seus livros, a Saraiva Educação oferece materiais de apoio que proporcionam aos leitores a oportunidade de ampliar seus conhecimentos.

Nesta obra, o leitor que é aluno terá acesso ao gabarito das atividades apresentadas ao longo dos capítulos. Para os professores, preparamos um plano de aulas, que o orientará na aplicação do conteúdo em sala de aula.

Para acessá-lo, siga estes passos:

1. Em seu computador, acesse o link: **http://somos.in/BAFPS**
2. Se você já tem uma conta, entre com seu login e senha. Se ainda não tem, faça seu cadastro.
3. Após o login, clique na capa do livro. Pronto! Agora, aproveite o conteúdo extra e bons estudos!

Qualquer dúvida, entre em contato pelo e-mail **suportedigital@saraivaconecta.com.br**.

SOBRE OS AUTORES

Paulo Roberto Barsano é professor, escritor e investigador de polícia no Estado do Pará. Especialista em Segurança do Trabalho e Meio Ambiente. Palestrante convidado em diversos Estados e também em Leiria, Portugal. Autor de livros didáticos e obras para concursos públicos.

Professor especialista em Segurança do Trabalho e Meio Ambiente. Professor titular de Segurança do Trabalho do Instituto Tecnológico de Barueri. Tutor da Escola Superior de Administração Fazendária (ESAF) nos cursos a distância de Disseminadores de Educação Fiscal e Cidadania. Atuou como auditor interno das normas ISO 9001 e SA 8000 no poder legislativo de Barueri (SP) por quase três anos.

Autor de mais de 25 de livros, incluindo: *Segurança do Trabalho para Concursos Públicos*, publicado pela Editora Saraiva; *Segurança do trabalho – guia prático e didático, Meio ambiente – guia prático e didático, Ética e cidadania organizacional – guia prático e didático e Administração – guia prático e didático*, publicados pela Editora Érica.

Rildo Pereira Barbosa é formado em Gestão Ambiental pela Faculdade Estácio FNC, técnico em Segurança do Trabalho pelo Instituto Técnico de Barueri (ITB) e bombeiro civil pelo Centro Profissionalizante de Bombeiros Civis do Estado de São Paulo (CPBCESP). Desenhista e escritor, escreveu em coautoria os livros *Segurança do trabalho – guia prático e didático, Meio ambiente – guia prático e didático, Higiene e segurança do trabalho, Equipamentos de segurança, Controle de riscos, Gestão ambiental – guia prático e didático, Poluição ambiental e saúde pública, Saúde da criança e do adolescente, Evolução e envelhecimento humano, Biossegurança – ações fundamentais para a promoção da saúde, Biologia ambiental, Legislação ambiental, Recursos naturais e biodiversidade; Resíduos sólidos – impactos, manejo e gestão ambiental, Fauna e flores silvestres* e autor do livro *Avaliação de risco e impacto ambiental*. Além disso, participou como desenhista e ilustrador do livro *Segurança do trabalho para concurso público* e é especialista em segurança patrimonial.

Emanoela Gonçalves é enfermeira formada em 2009 pela Universidade Bandeirante de São Paulo (Uniban). Tem experiência em assistência ao idoso e exerce voluntariado com desenvolvimento de palestras sobre Qualidade de Vida para soropositivos.

Suerlane Pereira da Silva Soares é técnica em Segurança do Trabalho, formada pelo Instituto Tecnológico de Barueri (ITB-FIEB). Aprovada em segundo lugar no processo seletivo de técnico de Segurança do Trabalho, do SESI-SP, para o programa indústria saudável (2010-2012). Coautora do livro *Equipamentos de segurança*, publicado pela Editora Érica.

LISTA DE SIGLAS

ABNT: Associação Brasileira de Normas Técnicas

ACGIH: American Conference of Governamental Industrial Higyenists

AFT: auditor fiscal do Trabalho

Aids/Sida: Síndrome de Imunodeficiência Adquirida

AIT: Agentes de Inspeção do Trabalho

Anvisa: Agência Nacional de Vigilância Sanitária

APR: Análise Preliminar de Riscos

ART: Anotação de Responsabilidade Técnica

ASO: Atestado de Saúde Ocupacional

AT: alta tensão

CA: Certificado de Aprovação

CAI: Certificado de Aprovação de Instalações

Canpat: Campanha Nacional de Prevenção de Acidentes do Trabalho

CAT: Comunicação de Acidente de Trabalho

CC: centro cirúrgico

CDB: Convenção sobre a Diversidade Biológica

CFT: Comissão de Farmácia e Terapêutica

CHA: Conhecimentos, Habilidades e Atitudes

CIF: Carteira de Identidade Fiscal (documento que identifica o auditor fiscal do trabalho)

Cipa: Comissão Interna de Prevenção de Acidentes

CLT: Consolidação das Leis do Trabalho

CME: Centro de Material e Esterilização

CNAE: Código Nacional de Atividade Econômica

CNBS: Conselho Nacional de Biossegurança

CNI: Confederação Nacional da Indústria

CNPJ: Cadastro Nacional de Pessoa Jurídica

CO: centro obstétrico

CPM: Comissão de Padronização de Materiais

CREA: Conselho Regional de Engenharia e Agronomia

CSB: Cabine de Segurança Biológica

CTNBio: Comissão Técnica Nacional de Biossegurança

CTPP: Comissão Tripartite Paritária Permanente

DCCA: ácido dicloroisocianúrico

DCJ: Doença de Creutzfeldt-Jakob

DDS: Diálogo Diário de Segurança

DML: Depósito de Material de Limpeza

DN: Doença de Newcastle

DNA: ácido desoxirribonucleico

Dort: Distúrbios Osteomusculares Relacionados ao Trabalho

DOU: Diário Oficial da União

DSST: Departamento de Segurança e Saúde no Trabalho

EAS: Estabelecimentos Assistenciais de Saúde

EPC: Equipamentos de Proteção Coletiva

EPI: Equipamento de Proteção Individual

FAP: Fator Acidentário de Prevenção

FISPQ: Ficha de Informação de Segurança de Produto Químico

Fundacentro: Fundação Jorge Duprat Figueiredo de Segurança e Medicina do Trabalho

GHE: Grupo Homogêneo de Exposição

GHR: Grupo Homogêneo de Risco

GLP: Gases Liquefeitos de Petróleo

Hazop: Hazard and Operability Analysis

HIV: Vírus da Imunodeficiência Humana

HS: high speed

IBUTG: Índice de Bulbo Úmido – Termômetro de Globo

INCQS: Instituto Nacional de Controle de Qualidade em Saúde

ISO: International Organization for Standardization

LER: Lesão por Esforço Repetitivo

LEST: Laboratoire d'Economie et Sociologie du Travail

LTCAT: Laudo Técnico de Condições Ambientais do Trabalho

MOPP: Movimentação Operacional de Produtos Perigosos

MRSA: *Staphylococcus aureus* resistente à meticilina

MTE: Ministério do Trabalho e Emprego

NBR: Norma Brasileira Regulamentadora

NHO: Norma de Higiene Ocupacional

NIOSHI: National Institute of Occupational Safety and Health

NR: Norma Regulamentadora

NTE: Nexo Técnico Epidemiológico

NTEP: Nexo Técnico Epidemiológico Previdenciário

OGMO: Órgão Gestor de Mão de Obra

OIE: Organização Mundial de Saúde Animal

OHSAS: Occupational Health and Safety Assessment Series

OIT: Organização Internacional do Trabalho

ONU: Organização das Nações Unidas

OS: Ordem de Serviço

PAM: Plano de Ajuda Mútua

PAT: Programa de Alimentação do Trabalhador

PAZ: Programa de Acidente Zero

PCA: Programa de Conservação Auditiva

PCIP: Projetos de Prevenção e Combate a Incêndio e Pânico

PCMAT: Programa de Condições e Meio Ambiente de Trabalho na Indústria da Construção

PCMSO: Programa de Controle Médico de Saúde Ocupacional

PGR: Programa de Gerenciamento de Riscos

PGRS: Programa de Gerenciamento de Resíduos Sólidos

PGRSS: Programa de Gerenciamento de Resíduos em Serviços de Saúde

PNSA: Programa Nacional de Sanidade Avícola

PPD: Derivado Protéico Purificado

PPP: Perfil Profissiográfico Previdenciário

PPR: Programa de Proteção Respiratória

PPRA: Programa de Prevenção de Riscos Ambientais

PPRPS: Programa de Prevenção de Riscos em Prensas e Similares

PRION: Proteinaceous Infections Particles

PVC: cloreto de polivinila

RAC: Regulamento de Avaliação da Conformidade

RDC: Resolução da Diretoria Colegiada

RDO: Relatório Diário de Operação

RPM: rotação por minuto

RTP: Recomendação Técnica de Procedimentos

SASSMAQ: Sistema de Avaliação de Segurança, Saúde, Meio Ambiente e Qualidade

VDM: Vírus da Doença de Marek

SCIH: Serviço de Controle de Infecção Hospitalar

SEP: Sistema Elétrico de Potência

SESMT: Serviços Especializados em Engenharia de Segurança e em Medicina do Trabalho

SGA: Sistema de Gestão Ambiental

SGI: Sistema de Gestão Integrada

Sipat: Semana Interna de Prevenção de Acidentes de Trabalho

SIT: Secretaria de Inspeção do Trabalho

SNT: Secretaria Nacional do Trabalho

SOL: Segurança, Organização e Limpeza

SSMT: Secretaria de Segurança e Medicina no Trabalho

SSST: Secretaria de Segurança e Saúde no Trabalho

STOP: Safety Training Observation Program

SUS: Sistema Único de Saúde

TCCA: ácido tricloroisocianúrico

TST: Tribunal Superior do Trabalho

UF: Unidade Federativa

UHS: Ultra High Speed

UTI: Unidade de Terapia Intensiva

UV: ultravioleta

VRE: enterococos resistente à vancomicina

ZC: zona controlada

ZL: zona livre

ZR: zona de risco

SUMÁRIO

Capítulo 1 – Introdução à Biossegurança 17
   1.1 Histórico da Biossegurança 17
      1.1.1 Conferência de Asilomar 18
      1.1.2 Protocolo de Cartagena 20
      1.1.3 Convenção sobre Diversidade Biológica 21
      1.1.4 Nanotecnologia 22
   1.2 Lei de Biossegurança 23
   1.3 Biossegurança na sociedade 24
      1.3.1 Biossegurança e cidadania 25
   1.4 Biossegurança e saúde 26
   1.5 Biossegurança e ética profissional 28
   Agora é com você! 30

Capítulo 2 – Ambiente Laboratorial e seus Riscos 31
   2.1 Introdução ao ambiente laboratorial 31
      2.1.1 Tipos de laboratório 31
      2.1.2 Cuidados básicos no ambiente laboratorial 32
      2.1.3 Cuidados com materiais perfurocortantes 33
      2.1.4 Cabines de Segurança Biológica 33
   2.2 Conceitos de perigo e risco 35
      2.2.1 Definição de perigo 35
      2.2.2 Definição de risco 36
      2.2.3 Riscos ocupacionais 37
   2.3 Características gerais de bactérias, vírus e fungos 37
      2.3.1 Bactérias 38
      2.3.2 Vírus 39
      2.3.3 Fungos 41
   2.4 Controle de micro-organismos 42
      2.4.1 Terminologia básica 42
      2.4.2 Métodos de controle microbiano 45
   2.5 Níveis de Biossegurança em laboratórios 48
      2.5.1 NB-1: nível 1 de Biossegurança 49
      2.5.2 NB-2: nível 2 de Biossegurança 50
      2.5.3 NB-3: nível 3 de Biossegurança 51
      2.5.4 NB-4: nível 4 de Biossegurança 52
      2.5.5 Resumo dos níveis de Biossegurança 52
   Agora é com você! 54

Capítulo 3 – Medidas de Prevenção e Controle 55
   3.1 Medidas de prevenção administrativa 55
   3.2 Medidas de prevenção coletiva 56
   3.3 Medidas de prevenção individual 57

3.4 Acidentes em laboratório 57
    3.4.1 Riscos biológicos laboratoriais 58
3.5 Biossegurança na Enfermagem 59
3.6 Biossegurança em atividades odontológicas 61
3.7 Biossegurança em procedimentos cirúrgicos 63
3.8 Segurança alimentar hospitalar 65
3.9 Gerenciamento de resíduos da saúde 66
    3.9.1 Classificação dos resíduos dos serviços de saúde 67
3.10 NR-32 – Segurança e saúde no trabalho em serviços de saúde 67
Agora é com você! 68

Capítulo 4 – Limpeza, Desinfecção e Esterilização 69
4.1 Lavagem e higienização das mãos 69
    4.1.1 Higienização das mãos 70
4.2 Limpeza de produtos e superfícies 73
    4.2.1 Serviço de limpeza 74
    4.2.2 Processos de limpeza de superfícies 74
    4.2.3 Métodos de limpeza de superfícies 75
    4.2.4 Princípios básicos para limpeza e desinfecção 75
    4.2.5 Principais produtos usados na limpeza de superfícies 76
4.3 Desinfecção de produtos e superfícies 77
    4.3.1 Métodos de desinfecção 77
    4.3.2 Níveis de desinfecção 77
    4.3.3 Fatores que afetam os processos de desinfecção 78
    4.3.4 Principais produtos usados na desinfecção de superfícies 78
4.4 Esterilização de produtos e superfícies 80
    4.4.1 Processo de esterilização 80
4.5 Medidas de controle de infecção em ambientes de saúde 83
    4.5.1 Meios de transmissão 83
    4.5.2 Medidas de precaução universal 84
    4.5.3 Duração das precauções 85
4.6 Higiene industrial 86
    4.6.1 Objetivo 86
4.7 Vigilância sanitária 86
    4.7.1 Agência Nacional de Vigilância Sanitária (Anvisa) 86
4.8 Vigilância epidemiológica 87
    4.8.1 Objetivos da vigilância epidemiológica 87
Agora é com você! 88

Capítulo 5 – Unidades de Saúde 89
5.1 Estabelecimentos de saúde 89
5.2 Organização física e funcional 90
5.3 Instalações prediais 91
5.4 Laboratórios 92

5.5 Radiação de raios X 93
5.6 Clínicas e consultórios 93
5.7 Unidades hospitalares 95
5.8 Postos e centros de saúde 97
5.9 Farmácias 98
5.10 Unidades de saúde diversa 100
5.11 Biossegurança em outras atividades sociais 101
    5.11.1 Risco biológico na indústria de alimentos 102
Agora é com você! 104

Capítulo 6 – Doenças e Saúde Pública 105
6.1 Biossegurança nas atividades rurais 105
6.2 Influenza aviária 106
6.3 Doença de Newcastle 108
6.4 Doença de Marek 109
6.5 Doença da vaca louca 110
    6.5.1 Doença de Creutzfeldt-Jakob 111
6.6 Febre aftosa 112
6.7 Gripe suína 113
6.8 Salmonelose 114
Agora é com você! 116

Bibliografia 117

Glossário 123

APRESENTAÇÃO

Amigo leitor, é com enorme satisfação que apresentamos a obra intitulada Biossegurança – Ações Hospitalares para Promoção da Saúde, empenho de uma pesquisa realizada em diversos cursos da área técnica e profissionalizante que contemplam essa disciplina nas principais instituições de ensino do País, públicas ou privadas, nos âmbitos federal, estadual e municipal, e motivada por um objetivo digno: proporcionar a alunos, professores, instrutores e demais profissionais da área uma obra inédita, acessível a todos os públicos, escrita em linguagem simples e objetiva, abordando assuntos relevantes e atuais, de forma a cativar da primeira à última página.

Nosso intuito é renovar o tema biossegurança para o Ensino Técnico e Profissionalizante, trazendo assuntos que atendam a essa demanda de cursos que vem crescendo cada vez no Brasil; uma obra didaticamente estruturada, com fotos, ilustrações e exemplos práticos que representam o cotidiano, e, ao final de cada capítulo, com uma série de exercícios propostos.

O livro possui seis capítulos organizados da seguinte maneira:

Capítulo 1 – Introdução à Biossegurança

Iniciamos a obra abordando a história da biossegurança, a Conferência de Asilomar, o Protocolo de Cartagena, a Lei de Biossegurança e a relação da biossegurança com sociedade, a cidadania e a saúde, bem como a ética profissional na área de biossegurança.

Capítulo 2 – Ambiente Laboratorial e seus Riscos

Traz os conceitos mais relevantes de perigo e risco em biossegurança; riscos ocupacionais; características gerais de bactérias, vírus e fungos; e doenças de origem bacteriana, originadas por vírus e as causadas por fungos. Explica controle de micro-organismos, origem histórica, terminologia básica, métodos de controle microbiano, bem como os níveis de biossegurança em laboratórios nos dias de hoje.

Capítulo 3 – Medidas de Prevenção e Controle

Ensina as medidas de prevenção administrativa, coletiva e individual na biossegurança. Aborda acidentes em laboratório; riscos biológicos laboratoriais; biossegurança na enfermagem, em atividades odontológicas e em procedimentos cirúrgicos; segurança alimentar hospitalar; gerenciamento de resíduos da saúde e; NR-32: Segurança e Saúde no Trabalho em Serviços de Saúde.

Capítulo 4 – Limpeza, Desinfecção e Esterilização

Aborda, de forma prática e objetiva, lavagem e higienização das mãos; limpeza desinfecção e esterilização de produtos e superfícies; medidas de precaução universal e medidas de controle de infecção em ambientes de saúde; higiene industrial; vigilância sanitária e epidemiológica, e muito mais.

Capítulo 5 – Unidades de Saúde

Este capítulo faz um panorama sobre os principais estabelecimentos de saúde (organização física e funcional); instalações prediais; condições ambientais de conforto; laboratórios; patologia clínica; radiação de raios X; clínicas e consultórios; condições ambientais de controle de infecção hospitalar e biossegurança em estabelecimentos de saúde, hospitais, clínicas, farmácias e unidades de saúde diversos; trata, ainda, da importância das práticas de biossegurança em outras atividades socioeconômicas.

Capítulo 6 – Doenças e Saúde Pública

Abordam-se são a necessidade da adoção de medidas de prevenção contra doenças infecciosas no setor produtivo, em especial na pecuária, bem como seus impactos na saúde pública e sua repercussão mídia.

Bons estudos!

Os autores

1
INTRODUÇÃO À BIOSSEGURANÇA

PARA COMEÇAR

Neste capítulo, estudaremos as origens da biossegurança, principalmente no tocante às pesquisas envolvendo organismos geneticamente modificados (OGMs), seus riscos, suas consequências e outros fatores relevantes que devem ser considerados para o avanço da Biotecnologia, mas com implementações de medidas de segurança aos profissionais envolvidos, além de reflexões sobre seus impactos no mundo contemporâneo.

1.1 Histórico da Biossegurança

A Engenharia Genética é uma ciência que tem como finalidade a manipulação de genes contidos no DNA de um organismo e envolve técnicas como o isolamento, a manipulação e a introdução desses genes em outras células, para que se multipliquem e, posteriormente, sejam retirados para determinada aplicação. Entretanto, o que é DNA e para que serve?

Sigla em inglês para *deoxyribonucleic acid* (ou ácido desoxirribonucleico, sigla em português: ADN), o DNA é um composto orgânico que contém moléculas com instruções genéticas dos seres vivos e funciona como um banco de dados contendo informações sobre as características de cada ser vivo, conhecidas como genes. Por meio da Engenharia Genética, os cientistas mapeiam e decifram determinado código genético e, com isso, procuram introduzir novas características em um ser vivo, o que pode trazer benefícios para o desenvolvimento humano e produtivo.

A estrutura molecular do DNA foi descoberta pelos cientistas vencedores do Prêmio Nobel de Medicina de 1962, o estadunidense James Watson (1928-), o britânico Francis Crick (1916-2004) e o neozelandês Maurice Wilkins (1916-2004). Em razão do pioneirismo de seus estudos, a Biotecnologia expandiu-se na década de 1970, com o objetivo de conhecer melhor os mecanismos de formação e funcionamento dos seres vivos e, com isso, proceder à implementação de soluções na cura de doenças; porém, os estudos dos possíveis benefícios que poderia trazer a manipulação dos DNA recombinantes trouxe a preocupação com os potenciais riscos a que estavam sujeitos os profissionais envolvidos, sendo necessária uma avaliação mais criteriosa para a prevenção em suas atividades.

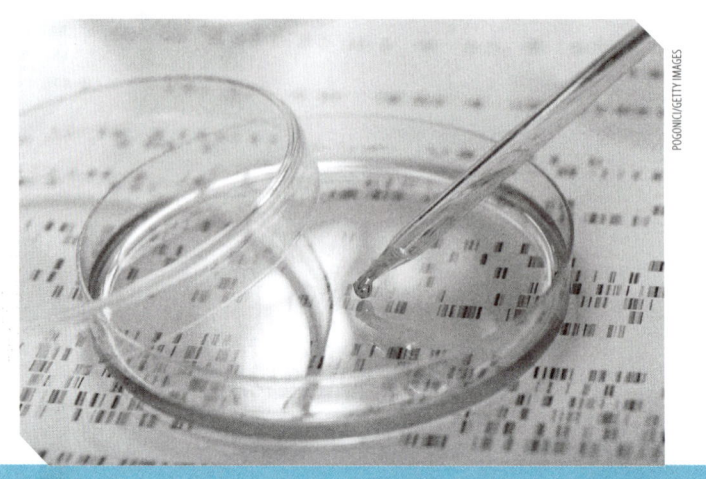

Figura 1.1 – DNA recombinante é uma forma de DNA artificial criada pela combinação de duas ou mais sequências que normalmente não ocorreriam naturalmente.

1.1.1 Conferência de Asilomar

No início da década de 1970, as pesquisas sobre os vírus tumorais eram o campo de interesse. Os cientistas especialistas em Biotecnologia concentravam nisso os seus esforços, em razão das perspectivas de grandes descobertas que essa área de estudo poderia proporcionar, quando os organismos transgênicos começavam dar seus primeiros passos.

O entusiasmo inicial, porém, extinguiu-se quando o surgimento de diversos casos de infecção nos animais dos laboratórios começou a despertar nos cientistas a preocupação com a segurança dos trabalhadores diretos e a saúde pública em geral. Os índices de vírus tumorais nas cobaias alertaram para a possibilidade de uma contaminação generalizada (epidemia) se não houvesse medidas de contenção que evitassem a proliferação desses organismos no ambiente laboral; além disso, a pressão social e política nos Estados Unidos cobrava da comunidade científica internacional mais esclarecimentos sobre os riscos das técnicas de manipulação de DNA recombinante e propostas concretas de controle e redução desses eventos, em caso de acidente biológico.

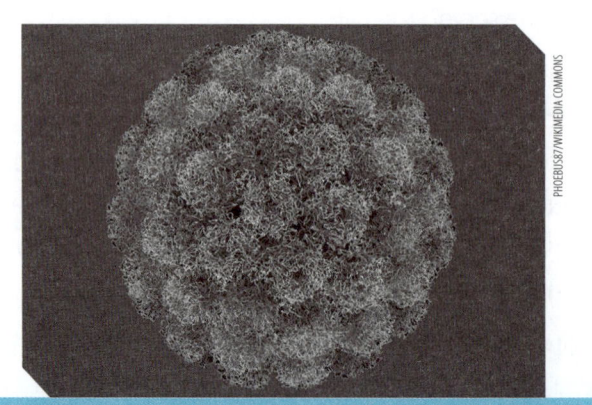

Figura 1.2 – O SV40 ou vírus símio 40 era utilizado pelos cientistas pioneiros da manipulação genética como forma de introduzir genes estranhos em células animais. Trata-se de um poliomavírus que, potencialmente, poderia ocasionar tumores.

Pensando nos riscos e também nos aspectos éticos da Engenharia Genética, em 1975, foi realizada a Conferência de Asilomar, em Pacific Grove, nos Estados Unidos, quando 140 especialistas de todo o mundo reuniram-se para discutir a proposta de moratória (suspensão) nas pesquisas de manipulação genética feita por um grupo de pesquisadores liderado pelo cientista estadunidense Paul Berg (1926-) e publicada nas revistas *Nature* e *Science* em julho de 1974, que ficou conhecida como Carta de Berg ou Moratório e, dentre outras propostas, determinava:

- alertar para os riscos biológicos no manuseio das moléculas de DNA recombinante;
- identificar riscos e seus efeitos adversos, assim como danos/consequências;
- supervisionar um programa experimental para avaliar os potenciais perigos biológicos e ecológicos;
- criar procedimentos que minimizem a dispersão de moléculas potencialmente perigosas;
- elaborar protocolos a serem seguidos pelos investigadores e outras diretrizes para os profissionais que trabalham com essas moléculas.

A Conferência foi um marco histórico e, apesar de os conceitos e definições de Biossegurança terem surgido anos depois, suas diretrizes servem como referência para a prevenção de riscos biológicos até hoje. Além da continuidade dos trabalhos que estavam suspensos, dos aspectos éticos e de outros pormenores técnicos, medidas de prevenção foram criadas para as atividades laborais, de acordo com as características e o grau de risco nas pesquisas. Algumas medidas chamam a atenção pela simplicidade em sua aplicação e pela obviedade, mas não eram realizadas por falta de experiência dos profissionais, ignorância quanto aos riscos a que estavam sujeitos ou ausência de protocolos de procedimentos, como:

- criação de barreiras adicionais para as experiências mais perigosas;
- não comer, beber ou fumar no laboratório;
- rápida desinfecção do material contaminado;
- proibição de pipetagem com a boca;
- acesso limitado ao pessoal de laboratório;
- uso de luvas durante o manuseio de material infeccioso.

Estas e outras medidas foram desenvolvidas posteriormente, e os critérios técnicos para sua criação foram embasados na elaboração de uma rigorosa classificação dos agentes biológicos manipulados, que, de acordo com as alterações realizadas em suas propriedades genéticas, poderiam potencializar ou não os riscos oferecidos, como podemos observar a seguir:

- **Risco mínimo:** experiências com organismos que mudam a sua informação genética naturalmente.
- **Risco baixo:** experiência com organismos que não mudam sua informação genética naturalmente, podendo gerar novos organismos biológicos.
- **Risco moderado:** experiências com probabilidade de gerar um agente patogênico perigoso.
- **Risco elevado:** experiências com probabilidade de risco ecológico ou patogênico em um organismo alterado e, com isso, de ocasionar um risco considerável aos profissionais, à saúde pública e ao meio ambiente.

Entretanto, que medidas foram tomadas para a prevenção desses riscos no meio ambiente? É o que veremos nos próximos tópicos deste capítulo.

(a) (b)

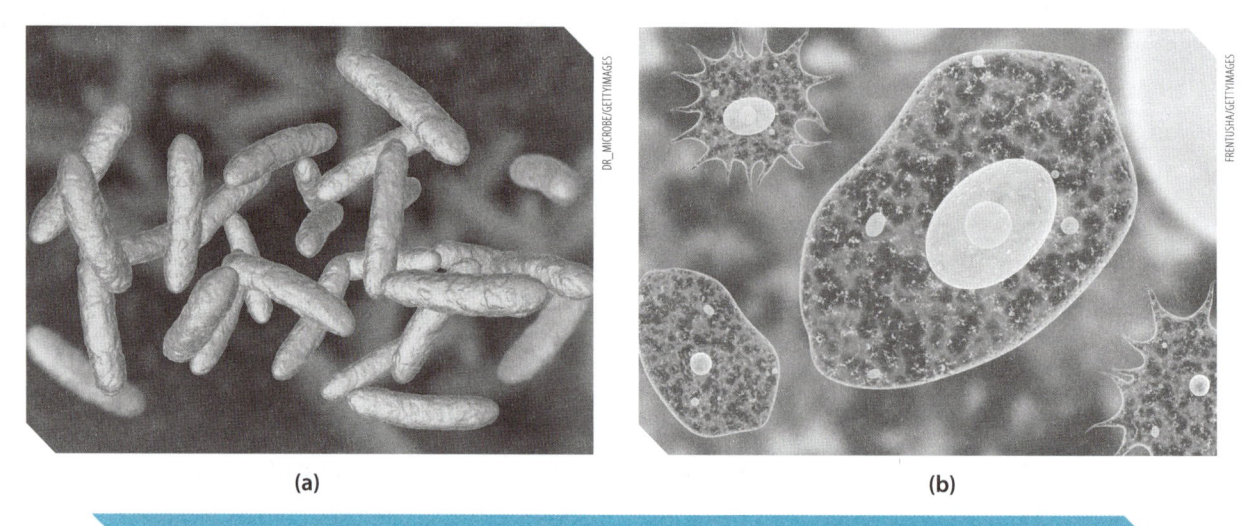

Figura 1.3 – O tipo de organismo e as possíveis alterações em suas características determinarão a periculosidade em seu manejo, podendo envolver procariotas (*a*) e eucariotas (*b*), plasmídeos bacterianos e vírus animais.

1.1.2 Protocolo de Cartagena

Em 1992, foi realizada no Rio de Janeiro a Conferência das Nações Unidas sobre Meio Ambiente e Desenvolvimento (CNUMAD) ou Cúpula da Terra, mais conhecida como Eco-92, na qual representantes de 179 países discutiram os problemas ambientais em escala global, suas diretrizes, seus objetivos, suas divergências e o firmamento de acordos internacionais para o desenvolvimento sustentável e a inclusão de aspectos sociais nas pautas das reuniões.

Dentre os temas abordados, a proteção à biodiversidade do planeta foi discutida. Foram programadas datas para a conversação sobre cada assunto em convenções específicas; no caso citado, isso ocorreu na Convenção sobre a Diversidade Biológica (CDB), que tem como objetivos a conservação da biodiversidade, o uso sustentável dos recursos naturais e a distribuição dos benefícios gerados na utilização desses recursos. Essa convenção é um dos instrumentos internacionais mais importantes para o meio ambiente e já foi assinada por mais de 160 países, servindo como amparo legal e político a outras convenções e outros acordos ambientais, por exemplo, o Protocolo de Cartagena sobre Biossegurança. O protocolo entrou em vigor em 11 de setembro de 2003 e tem como finalidade regular os critérios de proteção no campo de transferência, manipulação e uso seguros dos organismos vivos modificados (OVMs), resultantes da biotecnologia moderna.

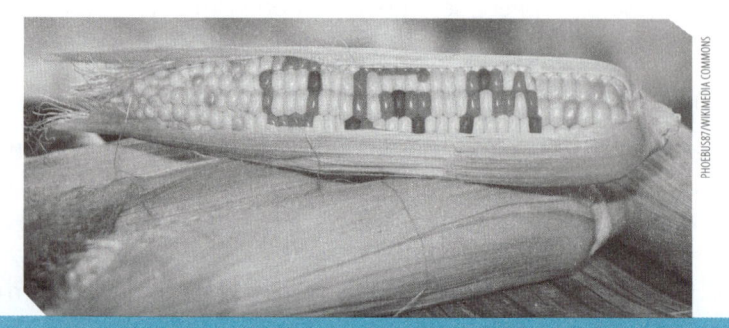

Figura 1.4 – Os alimentos transgênicos são resultantes da Biotecnologia moderna e causam preocupação, pois podem causar efeitos adversos na diversidade biológica e na saúde pública; o assunto tem relevância global nas pautas de reuniões de meio ambiente e economia dos líderes mundiais.

A importância do Protocolo de Cartagena é a instituição de uma instância jurídica internacional, em que diversas questões relacionadas aos organismos modificados são tratadas além dos perímetros restritos de cada nação, em virtude dos interesses comerciais entre os países (como os alimentos transgênicos) e de outras questões de segurança territorial (ecoterrorismo), além dos impactos que poderiam ocasionar ao meio ambiente e à saúde humana. Portanto, mais do que a pesquisa e a investigação sobre os riscos da Biotecnologia, o protocolo tem como objetivos a troca de informações sobre organismos geneticamente modificados (OGM), a regulação comercial internacional de produtos transgênicos de forma segura e outros procedimentos que venham a proteger a saúde, a qualidade de vida, a biodiversidade e o equilíbrio no meio ambiente. Os países signatários encontram-se nas Reuniões das Partes do Protocolo de Cartagena sobre Biossegurança (Meeting of Parties – MOP) para a análise de documentos, a implantação das diretrizes e outras medidas necessárias para o cumprimento do protocolo.

A comunicação sobre os riscos de contaminação por meio dos OVMs está bem explícita no artigo 17 do protocolo, que determina os seguintes procedimentos a serem cumpridos pelos Países-Partes:

> [...] Cada Parte tomará medidas apropriadas para notificar aos Estados afetados ou potencialmente afetados, ao Mecanismo de Intermediação de Informação sobre Biossegurança e, conforme o caso, às organizações internacionais relevantes, quando tiver conhecimento de uma ocorrência dentro de sua jurisdição que tenha resultado na liberação que conduza, ou possa conduzir, a um movimento transfronteiriço não intencional de um organismo vivo modificado que seja provável que tenha efeitos adversos significativos na conservação e no uso sustentável da diversidade biológica, levando também em conta os riscos para a saúde humana nesses Estados. (BRASIL, 2006a, p. 3)

Veremos agora quais medidas foram implementadas no Brasil para cumprir o acordo[1].

1.1.3 Convenção sobre Diversidade Biológica

A Convenção sobre a Diversidade Biológica (CDB) é um dos mais importantes tratados internacionais relativos ao meio ambiente e tem por objetivo a conservação da biodiversidade, ou seja, a preservação das espécies animais, vegetais e dos micro-organismos no seu *habitat* natural, além do uso sustentável dos seus componentes e a divisão equitativa e justa dos benefícios gerados com o uso de recursos genéticos, incluindo a biotecnologia.

A CDB foi criada visando impedir a extinção das espécies vivas do planeta. É grande a perda da biodiversidade no mundo todo. O homem, com suas ações, degrada e polui o meio ambiente, destrói espécies animais e vegetais, esquecendo-se de que a Terra é o seu único lar.

Nos termos da Convenção:

> Biotecnologia significa qualquer aplicação tecnológica que utilize sistemas biológicos, organismos vivos, ou seus derivados, para fabricar ou modificar produtos ou processos para utilização específica. Recursos biológicos compreendem recursos genéticos, organismos ou partes destes, populações, ou qualquer outro componente biótico de ecossistemas, de real ou potencial utilidade ou valor para a humanidade. (ONU, 1992, art. 2)

O Brasil, que tem uma das maiores diversidades biológicas do planeta, foi o primeiro país a assinar a CDB, o que lhe garante o direito de explorar seus próprios recursos segundo suas políticas ambientais.

---

[1] Disponível em: <https://www.mma.gov.br/biodiversidade/conservacao-de-especies/marco-legal-e-tratados.html>. Acesso em: 4 fev. 2020.

Isso é muito importante, porque nos debates durante a convenção, os países desenvolvidos que eram detentores da tecnologia de processamento e transformação dos recursos naturais, consideravam tais recursos como parte integrante do patrimônio da humanidade. Porém, quando industrializavam o recurso natural retirado de um país ainda em desenvolvimento, não compensavam o país detentor do recurso natural. O detentor apenas recebia o produto já industrializado com preços altamente competitivos no mercado internacional. A Convenção veio e manteve o equilíbrio, possibilitando a exploração da biodiversidade pelos países detentores dos recursos naturais, dispondo em seu art. 3º:

> Os Estados, em conformidade com a Carta das Nações Unidas e com os princípios de Direito internacional, têm o direito soberano de explorar seus próprios recursos segundo suas políticas ambientais, e a responsabilidade de assegurar que atividades sob sua jurisdição ou controle não causem dano ao meio ambiente de outros Estados ou de áreas além dos limites da jurisdição nacional. (ONU, 1992, art. 3)

A CDB prevê a realização de Conferência das Partes (Conference of Parties – COP) para, dentre outras atividades, examinar e adotar medidas que possam ser necessárias para alcançar os fins da Convenção sobre Diversidade Biológica, propor emendas e examinar pareceres técnicos e científicos. Desde a entrada em vigor da Convenção, já foram realizadas 25 reuniões da COP.

1.1.4 Nanotecnologia

Apesar de manipularem componentes materiais diferentes, a biotecnologia e a nanotecnologia se assemelham em alguns aspectos, principalmente no que se refere aos riscos que podem propiciar as suas nanopartículas em caso de contato com os seres vivos e recursos naturais, necessitando, então, de controle preventivo para evitar a sua dispersão.

A manipulação da matéria em escala atômica, aplicando as técnicas da ciência da nanotecnologia, tem como objetivo o desenvolvimento de estruturas e materiais por meio dos átomos, sendo muito importante para a ampliação tecnológica de diversas áreas, como a medicina, eletrônica, a ciência da computação, a física, a química, a biologia, entre outras.

Tendo como partida os estudos e as palestras do físico teórico estadunidense Richard Feynman (1918-1988), que cunhou o termo nanotecnologia em 1959, os átomos só foram vistos individualmente pela primeira vez em 1981, quando foi inventado o Microscópio de Varredura por Tunelamento e, assim, permitiu a sua observação em nível atômico, trazendo benefícios em termos de desenvolvimento tecnológico, assim como algumas preocupações quanto aos impactos que possa gerar.

Um nanômetro (nm) corresponde a um metro dividido por um milhão e essa definição matemática demonstra a complexidade que representa a manipulação dos átomos. É necessário para o desenvolvimento de produtos como óculos, computadores, celulares e câmeras, bem como outros produtos que requeiram características específicas como impermeabilidade, resistência, antirreflexo, entre outras propriedades de melhorias tecnológicas.

Se a nanotecnologia proporciona inúmeras possibilidades de aplicação no seu uso, a nanopoluição dos componentes utilizados também é uma preocupação a ser considerada, pois as nanopartículas geradas pelos materiais representam um perigo real ao meio ambiente e à saúde pública, tendo em vista que se trata de uma poluição quase imperceptível, com potencial altíssimo de se propagar e riscos ainda desconhecidos em caso de contato com outros seres vivos.

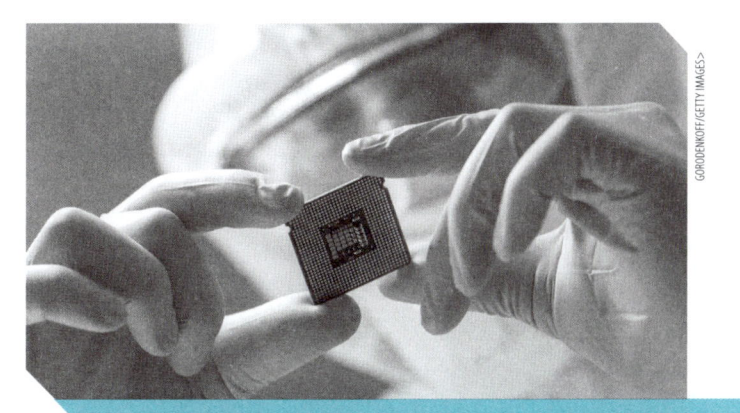

Figura 1.5 – A nanotecnologia é uma importante ciência para o avanço tecnológico, mas os resíduos gerados e os seus impactos no meio ambiente ainda são uma incógnita.

1.2 Lei de Biossegurança

A Lei Nacional de Biossegurança[2] (Lei nº 8.974), de 5 de janeiro de 1995, estabelecia as normas de segurança e mecanismos de fiscalização para o uso das técnicas de Engenharia Genética, transporte, liberação e descarte, no meio ambiente, de OGMs, quando foi revogada e substituída pela Lei nº 11.105, de 24 de março de 2005, que, em sua redação original, estabelece de forma mais ampla os seus objetivos, no artigo 1º:

> [...] Esta Lei estabelece normas de segurança e mecanismos de fiscalização sobre a construção, o cultivo, a produção, a manipulação, o transporte, a transferência, a importação, a exportação, o armazenamento, a pesquisa, a comercialização, o consumo, a liberação no meio ambiente e o descarte de organismos geneticamente modificados – OGM e seus derivados, tendo como diretrizes o estímulo ao avanço científico na área de biossegurança e biotecnologia, a proteção à vida e à saúde humana, animal e vegetal, e a observância do princípio da precaução para a proteção do meio ambiente. (BRASIL, 2005a, p. 1)

O que muda? O Brasil ainda continua se adequando ao cenário internacional em relação aos transgênicos, e, mesmo com perspectivas comerciais relevantes para o crescimento econômico, foi necessário implementar outros instrumentos que auxiliassem o Estado a reordenar as normas vigentes sobre o tema, bem como mecanismos mais claros de fiscalização dos OVMs. Para tanto, dentre outras ações:

- criou-se o Conselho Nacional de Biossegurança (CNBS);
- reestruturou-se a Comissão Técnica Nacional de Biossegurança (CTNBio);
- determinou-se à CNBS o desenvolvimento de uma Política Nacional de Biossegurança.

Seguindo o Princípio da Precaução, o Brasil cumpre o seu papel na elaboração de uma lei de Biossegurança no país, em que as diretrizes sobre alimentos transgênicos ganham destaque: estabelece a obrigatoriedade da rotulagem em produtos que contenham transgênicos, para a informação dos consumidores, e ratifica a vedação às pessoas físicas nas atividades biogenéticas, para cujo exercício os estabelecimentos devem ser autorizados pela CTNBio.

---

2 Disponível em: <http://www.planalto.gov.br/ccivil_03/_Ato2004-2006/2005/Lei/L11105.htm>. Acesso em: 4 fev. 2020.

1.3 Biossegurança na sociedade

Biossegurança é o conjunto de ações destinadas a prevenir, controlar, reduzir ou eliminar riscos inerentes às atividades da Engenharia Genética, ou Biotecnologia. Em relação à área da Saúde, a Biossegurança tem ainda como finalidade a promoção da qualidade de vida e da proteção à saúde, por meio dos órgãos governamentais e de suas respectivas políticas de saúde pública.

No Brasil, a necessidade de se atentar mais seriamente às questões de segurança com micro-organismos deu-se no início da década de 1980, quando os profissionais da área de Saúde começaram a questionar os riscos de contaminação pelo vírus da imunodeficiência humana (HIV) em atividades laborais, medo que era fruto do *boom* de infectados e do desconhecimento da terrível doença resultante dessa contaminação: a Aids.

Apesar de o Ministério do Trabalho e Emprego (MTE) dispor, em sua relação de normas regulamentadoras de Segurança e Medicina do Trabalho, de uma norma específica para as atividades em serviços de saúde (NR-32), ela não atendia aos anseios dos profissionais, pois o manejo de OGMs expunha a outros riscos desconhecidos para a classe médica e afins, já que a Biotecnologia carecia de mais informações sobre suas técnicas e de uma legislação normativa mais contundente para a adoção de práticas seguras no trabalho.

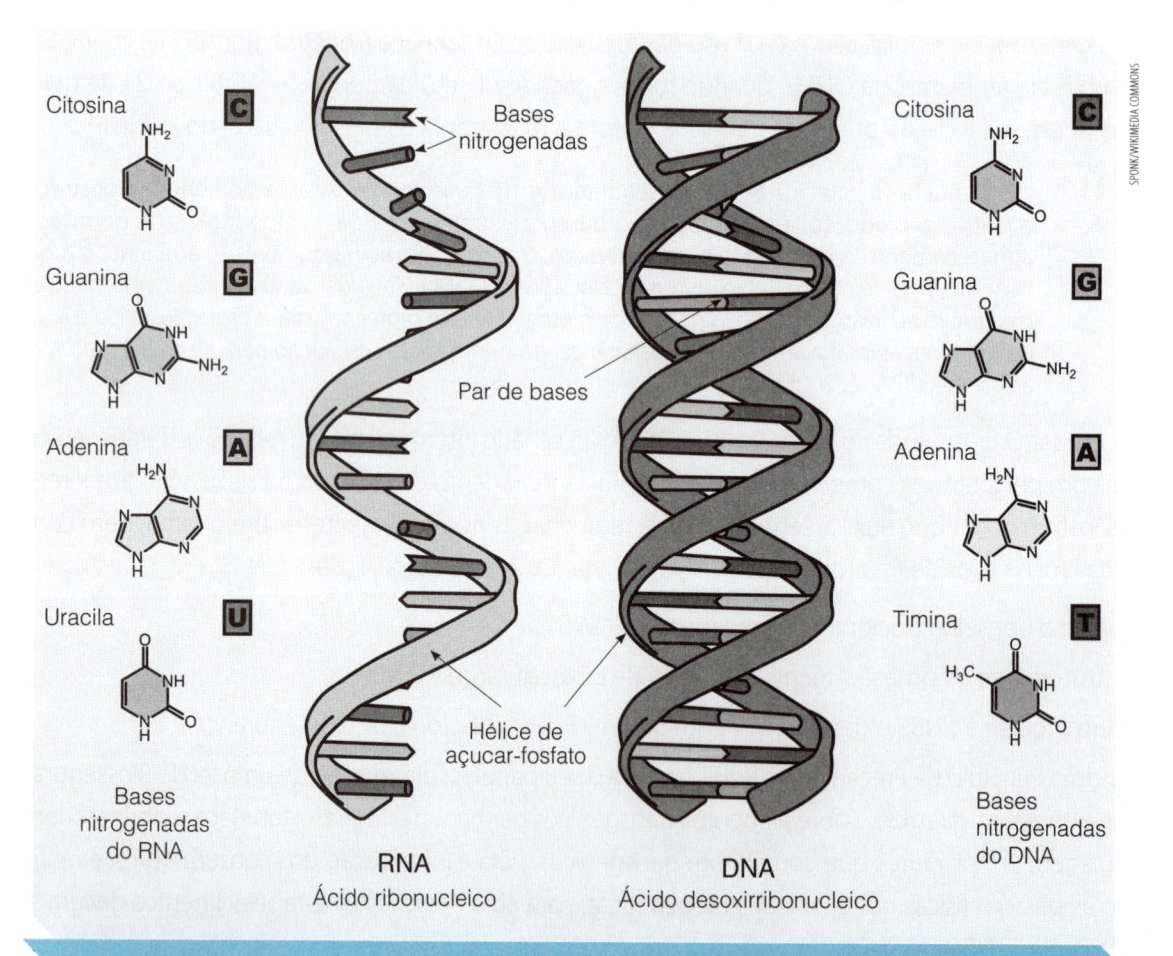

Figura 1.6 – O ácido ribonucleico difere do ácido desoxirribonucleico em sua base e estrutura. Os ácidos nucleicos são assim chamados em razão da presença do açúcar em suas moléculas: o RNA contém o açúcar ribose e o DNA, o açúcar desoxirribose.

Em nossa legislação, a Lei de Biossegurança engloba apenas a tecnologia do DNA ou RNA recombinantes, mas ambas têm como finalidade seu estudo e sua aplicação em vários segmentos, como a industrialização de medicamentos e de alimentos, o aumento da produtividade agrícola e outros experimentos, o que é visto com desconfiança por parte da população.

Qual é o papel da sociedade, dos órgãos públicos e das classes médica e acadêmica nesse contexto? Informação e transparência têm papel fundamental nesse processo.

1.3.1 Biossegurança e cidadania

Cidadania relaciona-se com biossegurança a partir do momento em que se conclui que as atividades de manejo dos OGMs podem influenciar positiva ou negativamente a sociedade em seus diversos segmentos: economia, saúde pública, segurança, trabalho e meio ambiente. A palavra cidadania define o conjunto de direitos e deveres ao qual um indivíduo está sujeito na sociedade em que vive. Muitos dos que discordam do uso da Biotecnologia para a manipulação genética apoiam-se nesse conceito para apresentar prós e contras dessa prática.

Os exemplos mais discutidos na mídia são as polêmicas envolvendo os alimentos transgênicos e as experiências com células-tronco. Alimentos transgênicos são produtos de sementes geneticamente alteradas e têm como finalidade o suposto aumento da produtividade agrícola, por possuírem uma composição mais resistente a parasitas e agrotóxicos, aumentando a oferta de alimentos e resolvendo os problemas de desperdício nas lavouras e da fome no mundo.

Segurança alimentar é um requisito obrigatório a ser cumprido pelos produtores, e sua eficácia de funcionalidade e segurança deve ser pré-comprovada, de acordo com os preceitos da Agência Nacional de Vigilância Sanitária (Anvisa), principalmente no caso de novos alimentos e ingredientes, com os objetivos de proteger a saúde da população e reduzir os riscos no consumo desses produtos. Ambientalistas e alguns especialistas que são contra os alimentos transgênicos alegam que essa pré-comprovação não pode ser atestada, pois afirmam, por meio de estudos ambientais, que esse modelo de produção agrícola oferece riscos à biodiversidade, já que as sementes utilizadas são resistentes aos agroquímicos convencionais, e, portanto, a dosagem é aumentada de forma imprudente, podendo trazer danos ao solo, às águas subterrâneas, à flora, à fauna e aos consumidores.

Os militantes ambientalistas cobram, ainda, dos poderes públicos, a rotulagem dos produtos transgênicos indicando as propriedades genéticas alteradas em sua composição, e produtores também contrários a essa tecnologia preocupam-se com os impactos econômicos e ambientais que a monocultura, própria desse tipo de tecnologia, pode proporcionar no que se refere à concorrência comercial; por terem sementes mais resistentes, em teoria, o volume de produção dos transgênicos seria maior, e, quanto à questão ambiental, a não alternância de tipos de plantio poderia desequilibrar o ecossistema e reduzir a vida útil do solo.

A cobrança por parte da sociedade em relação às experiências com células-tronco também divide opiniões. Por serem neutras, essas células possuem características que permitem a sua utilização para gerar quaisquer órgãos, sendo mais eficientes do que as células provenientes da medula e do cordão umbilical. Esse fato faz milhares de pessoas terem na Biotecnologia um fio de esperança para a cura de vários males, principalmente, as doenças degenerativas.

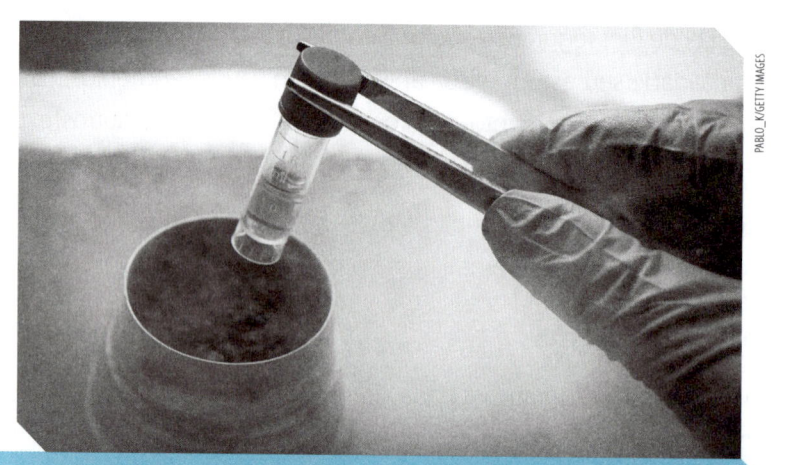

Figura 1.7 – Bancos privados de armazenamento de células-tronco de cordão umbilical são procurados por pais, que pagam os serviços como forma de tratamento de doenças dos filhos no futuro, o que não é uma garantia.

As críticas ao uso das células-tronco esbarram em outros fundamentos, como os que envolvem questões religiosas, que rejeitam de forma veemente a produção de embriões ou a utilização dos já existentes, por entender que, nesse estágio de desenvolvimento, o embrião já constitui a existência de um ser vivo.

1.4 Biossegurança e saúde

Além dos benefícios referentes ao uso de células-tronco, há outros aspectos importantes a se destacar na Biossegurança em relação à saúde, em que medidas de prevenção devem ser implantadas para a promoção da saúde pública e a segurança dos profissionais que executam essas atividades.

No ambiente laboral, os profissionais de Saúde estão sujeitos a uma série de riscos biológicos, que, dependendo do campo de atuação, podem variar quanto à exposição e às características dos agentes infecciosos, em razão da precariedade das instalações, da ausência de barreiras de proteção e dos procedimentos inadequados nos processos de trabalho.

Há diversas atividades que requerem procedimentos de Biossegurança, a serem rigorosamente adequados conforme a especialidade médica ali desenvolvida (laboratórios, clínicas médicas, clínicas veterinárias, consultórios odontológicos, unidades de saúde, enfermagem, experimentos com animais etc.).

A Anvisa trabalha no controle de riscos gerados em pesquisa, no manejo de material biológico e na elaboração de procedimentos de segurança para os processos de trabalho e de instituições, em que a Biotecnologia e os produtos com OGMs são cuidadosamente analisados. Além dos riscos patogênicos, a análise da toxicidade dos alimentos é avaliada por meio de iniciativas como o Programa de Análise de Resíduos de Agrotóxicos em Alimentos (PARA), que tem como objetivo avaliar continuamente os níveis de resíduos de agrotóxicos nos alimentos de origem vegetal. Porém, é importante saber que a implantação de procedimentos laborais não tem como objetivo apenas a prevenção a esses profissionais: unidades de saúde públicas ou privadas devem oferecer condições que favoreçam a prestação dos serviços de saúde com segurança, e seus profissionais devem seguir procedimentos padronizados e trabalhar em um ambiente laboral sem riscos biológicos.

Epidemias decorrentes de contaminação por micro-organismos são extremamente perigosas, pois, se saírem do controle, podem ocasionar inúmeras vítimas fatais, em razão da dificuldade de detectar a sua origem, de realizar o isolamento das áreas infectadas e de colocar à disposição os devidos tratamentos, levando em conta que, nesse processo, alguns micro-organismos podem sofrer mutações genéticas e, assim, criar resistência a medicamentos ou vacinas.

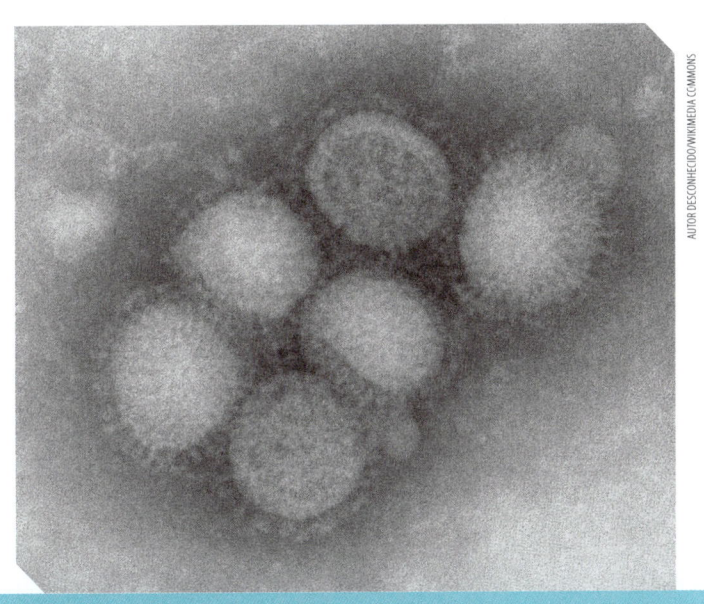

Figura 1.8 – Vírus influenza A H1N1, que causou milhares de mortes no mundo todo, em uma pandemia ocorrida no ano 2009. A Biossegurança nos laboratórios se estende não apenas aos OGMs, mas também a processos que tenham como objetivos o diagnóstico de doenças, o desenvolvimento de vacinas e outras pesquisas laboratoriais.

Para prevenir esse tipo de ocorrência, alguns princípios básicos devem ser adotados na Biossegurança, e, quando da manipulação de organismos infecciosos em laboratório, métodos de contenção devem ser adotados, para reduzir ou eliminar a exposição da equipe laboratorial ou a dispersão dos agentes biológicos no meio ambiente:

- **Contenção primária:** é a proteção da equipe laboratorial com equipamentos de proteção individual (EPI), como luvas, jalecos e máscaras, além da proteção pessoal com vacinas.
- **Contenção secundária:** é a proteção externa do laboratório, ou seja, abrange instalações, técnicas laboratoriais e práticas operacionais adotadas para que os agentes biológicos não sejam dispersos no meio ambiente externo.

Práticas e técnicas laboratoriais são os métodos mais importantes, pois o correto manuseio dos agentes biológicos possibilita um controle de riscos seguro, desde que o profissional esteja preparado, o que engloba o conhecimento dos riscos e dos procedimentos de segurança a serem executados.

> **FIQUE DE OLHO!**
>
> É responsabilidade dos diretores do laboratório a adoção de práticas adicionais de segurança conforme os agentes biológicos manejados, desde que não comprometa as diretrizes de Biossegurança estabelecidas pelas principais normas técnicas oficiais.

Apesar disso, a possibilidade de risco por falha humana e individual não pode ser descartada; portanto, equipamentos de segurança devem ser implementados para a contenção dos agentes biológicos nos perímetros laboratoriais, por exemplo:

- **Barreiras primárias:** recipientes ou controles de Engenharia de Segurança projetados para eliminar ou reduzir a exposição aos materiais biológicos perigosos (exemplo: cabines microbiológicas).
- **Barreiras secundárias:** instalações que permitam a proteção não só da equipe laboratorial, mas também das pessoas que se encontram do lado externo do laboratório (exemplos: dependências de higienização das mãos ou de materiais com o uso de controles de micro-organismos, como água, autoclave etc.).

1.5 Biossegurança e ética profissional

As questões éticas no manejo de OGMs estão em pauta desde a Conferência de Asilomar. Valores morais sempre foram colocados em discussão não apenas nas atividades da Biotecnologia, mas também de ciências como a Medicina e a Biologia, pois são áreas que, apesar de distintas, agregam seus conhecimentos para o avanço da Engenharia Genética.

Questões polêmicas como o uso de células-tronco, o direito dos embriões à vida, os direitos dos animais e a clonagem de seres humanos colocam em situação de reflexão os profissionais envolvidos, que devem analisar os objetivos de seus trabalhos para uma avaliação de seus próprios valores humanos e acadêmicos, e, com isso, traçar um limite que atenda aos valores morais envolvidos em suas atividades e contribua para o desenvolvimento científico.

Os limites da investigação e da aplicação dos avanços científicos na Medicina tradicional, na Biologia ou na Biotecnologia têm como suporte a Bioética, que é "o estudo sistemático das dimensões morais – incluindo visão, decisão e normas morais – das ciências da vida e do cuidado com a saúde, utilizando uma variedade de metodologias éticas num contexto multidisciplinar" (PESSINI; BARCHIFONTAINE, 2007, p. 62), fundamentada em cinco princípios:

- **Princípio da Autonomia:** trata do respeito que o profissional deve ter à vontade, à crença e aos valores morais do paciente ou sujeito, reconhecendo o seu domínio sobre suas próprias vida e intimidade.
- **Princípio da Beneficência:** assegura o bem-estar das pessoas, evitando danos, e garante que sejam atendidos os seus interesses.
- **Princípio da Não Maleficência:** assegura que sejam minorados ou evitados danos físicos aos sujeitos da pesquisa ou aos pacientes.
- **Princípio da Justiça:** exige equidade na distribuição de bens e benefícios em qualquer setor da ciência.
- **Princípio da Proporcionalidade:** procura o equilíbrio entre riscos e benefícios, visando ao menor mal e ao maior benefício às pessoas.

As diretrizes de determinado código de ética a serem cumpridas e a sua análise devem levar em consideração os aspectos de costumes e lugares de cada país, pois temas como a eutanásia e o aborto têm relevância moral diferente em nações de culturas diferentes.

No caso da Bioética, temas envolvendo a manipulação de organismos geneticamente modificados já beiram um consenso mundial, pois os riscos decorrentes podem atravessar os limites das fronteiras. Além dos perigos de uma contaminação global por agentes biológicos, no caso da clonagem de seres humanos, a abordagem do assunto é acompanhada pela comunidade científica internacional e pela opinião pública, cujos valores religiosos, morais e acadêmicos integram-se para debater essa possibilidade de aplicação em nossa sociedade

AMPLIE SEUS CONHECIMENTOS

A ovelha Dolly

A ovelha Dolly foi o primeiro mamífero a ser clonado na história; criada no Instituto Rolin, na Escócia, os créditos da experiência são fruto dos trabalhos de pesquisa de Keith Campbell e Ian Wilmut, que anunciaram os seus resultados em 1997, para curiosidade e assombro do mundo todo.

Dolly viveu entre os anos de 1996 e 2003 no instituto em que foi criada, sendo sacrificada por causa de uma infecção pulmonar grave, e o possível sucesso da experiência é colocado em dúvida por céticos leigos que acusam tudo de ser uma fraude, e também por alguns especialistas da área, que apontam a necessidade de mais pesquisas para desenvolvimento da técnica antes de sua aplicação, já que o animal apresentou processo de envelhecimento precoce durante sua vida.

Figura 1.9 – Dolly foi empalhada após a sua morte e pode ser vista em exposição no Royal Museum, em Edimburgo, na Escócia.

Para saber mais sobre clonagem, veja em: <https://monografias.brasilescola.uol.com.br/biologia/clonagem.htm>. Acesso em: 16 out. 2019.

VAMOS RECAPITULAR?

Neste primeiro capítulo estudamos: os benefícios e impactos sociais das atividades da Biotecnologia; as origens da Biossegurança na Conferência de Asilomar; os riscos no manejo de organismos geneticamente modificados e suas consequências; a necessidade de prevenção desses riscos para a sociedade, o meio ambiente, a saúde pública e o ambiente laboral; as questões éticas e a abordagem da Lei de Biossegurança para o cumprimento do Protocolo de Cartagena.

AGORA É COM VOCÊ!

1. Qual é a sua opinião a respeito da clonagem de seres humanos? Explique os motivos a favor ou contra.
2. O que tratava a Cúpula da Terra, realizada em 1992, no Rio de Janeiro?
3. O que significa Bioética?
4. Considerando os preceitos de biossegurança e da ética profissional, o que o princípio da beneficência assegura?

2

AMBIENTE LABORATORIAL E SEUS RISCOS

PARA COMEÇAR

Abordaremos neste capítulo os conceitos de perigo e risco, divergências e aplicações, riscos ocupacionais, características gerais de bactérias, vírus e fungos, controle de micro-organismos, origem histórica, terminologia básica, métodos de controle microbiano e níveis de Biossegurança aplicados em laboratórios.

2.1 Introdução ao ambiente laboratorial

Imagine um ambiente em que há fungos, bactérias e vírus que transmitam doenças, entre elas, as fatais. Como se defender daquilo que muitas vezes não se vê?

Micro-organismos tão pequenos que só podem ser vistos com o auxílio de um microscópio. Onde esses seres estão presentes? Em todos os lugares, em todos os ambientes, seja no solo, na terra ou no ar. Em todos os ambientes naturais há a presença desses "terríveis" seres.

O ambiente laboratorial é o espaço físico destinado a realização de experimentos, pesquisas, prestação de serviços e ensino. Conta com uma estrutura adequada para a atividade que será desenvolvida: bancadas, instrumentos de medida, amostras, livros, pessoas etc. Trata-se de um ambiente hostil, visto que são manipulados micro-organismos que podem comprometer o resultado e a confiabilidade de uma pesquisa.

Laboratórios de saúde são complexos e, ao mesmo tempo, precisam ser dinâmicos, por terem de ser adaptados a diversas situações e a novos desafios.

2.1.1 Tipos de laboratório

Podemos encontrar diversos tipos de segmentos laboratoriais, dentre eles: laboratório químico, laboratório de ensino e laboratório clínico.

2.1.1.1 Laboratório químico

Tem por finalidade a realização de experimentos. Nesse ambiente, o químico realizará testes, experimentos e análises envolvendo reações químicas.

Nesse tipo de laboratório costumam ser encontrados produtos perigosos à vida, como ácidos corrosivos, produtos tóxicos etc.

2.1.1.2 Laboratório de ensino

Tem finalidade pedagógica, ou seja, é um ambiente destinado a realizar experiências práticas, como complemento ao aprendizado teórico. Nesse ambiente, o aluno poderá praticar experimentos, evidentemente, sempre acompanhado por um professor ou monitor.

Nesse ambiente costuma-se encontrar suporte universal, tubos de ensaio etc.

2.1.1.3 Laboratório clínico

Tem por finalidade diagnosticar, prevenir, tratar e avaliar a saúde dos pacientes por meio de exames biológicos, patológicos, microbiológicos, entre outros.

Nesse ambiente costumam ser encontrados microscópios biológicos, tubos de ensaio etc.

2.1.2 Cuidados básicos no ambiente laboratorial

Antes de iniciar a atividade no laboratório, é importante saber o que você vai fazer lá, com o que vai trabalhar, se já recebeu o treinamento adequado (ou se vai receber) e quais equipamentos manejará.

Durante a permanência no laboratório ou durante a prestação de serviços, alguns cuidados básicos devem ser tomados:

- usar EPI adequado para cada atividade;
- lembrar que a utilização de jaleco deve ser restrita ao laboratório;
- manter as unhas cortadas;
- evitar adornos, como anéis, pulseiras e relógios;
- se tiver cabelos longos, mantê-los presos;
- usar sapatos fechados;
- jamais aplicar cosméticos na área laboratorial;
- não comer nem beber dentro do laboratório;
- utilizar os equipamentos do laboratório apenas para a finalidade a que se destinam;
- não pipetar com a boca;
- descartar infectantes perfurocortantes em recipientes rígidos, impermeáveis, resistentes a perfurações, com tampa e identificados;
- observar regras de Higiene e Segurança no Trabalho etc.

2.1.3 Cuidados com materiais perfurocortantes

Deve-se dar atenção especial aos materiais perfurocortantes, por exporem a um potencial risco de ferimentos e, consequentemente, de transmissão de doenças. Em ambientes laboratoriais, são facilmente encontrados materiais perfurocortantes, ou seja, aqueles utilizados na assistência à saúde e que têm ponta ou gume, ou que possam perfurar ou cortar.

São cuidados essenciais a serem tomados com esses materiais:

- dar especial atenção durante o manuseio de materiais perfurocortantes;
- ser atento e cauteloso;
- nunca utilizar os dedos como anteparo durante o manuseio de perfurocortantes;
- lavar as mãos antes e depois da aplicação de uma injeção;
- jamais brincar com materiais perfurocortantes, como utilizar agulhas para fixar papéis;
- ser profissional com responsabilidade humana, bem como seguir todas as normas de segurança etc.

2.1.4 Cabines de segurança biológica

Um importante item de biossegurança, a Cabine de Segurança Biológica (CSB), tem como objetivo a proteção dos profissionais envolvidos na área laboratorial, das amostras manipuladas e de possíveis evasões de micro-organismos para o meio externo. O controle do ar interno da cabine é essencial para o alcance desses objetivos e os riscos devem ser sempre de baixa e moderada potencialidade.

A utilização da cabine sempre será necessária na manipulação de material patogênico, principalmente quando houver intensa e constante criação de aerossóis dos seus componentes, como por meio de centrifugação, trituração, homogeneização, agitação, entre outros, além do manuseio de tecidos infectados e ovos embrionados.

Porém, só a utilização da cabine de segurança não é o suficiente para a prevenção dos riscos. Assim, alguns procedimentos precisam ser adotados quando na execução das atividades laboratoriais. São eles:

- fechar as portas do laboratório;
- evitar circulação de pessoas no laboratório;
- descontaminar a superfície interior da cabine;
- lavar e secar as mãos e antebraços com produtos específicos e descartáveis;
- usar os equipamentos de proteção individual, como jaleco de manga longa, luvas, máscara etc;
- organizar e limpar todos os objetos e materiais antes de introduzi-los na cabine;
- não misturar os materiais limpos e contaminados.

Os procedimentos citados são apenas alguns exemplos simples de prevenção na área laboratorial, na qual devem ser observar outros aspectos importantes para a sua eficácia, como normas relacionadas à segurança do trabalho, saúde e meio ambiente, além dos sistemas de filtração estarem sempre de acordo com o tipo de micro-organismo ou produto manipulado, tendo em vista que as CSB são classificadas em três tipos:

- **Classe I:** faz o ar circular no interior da cabine, evitando que aerossóis e agentes infectantes permaneçam na cabine.
- **Classe II:** protege o interior da cabine de contaminações externas, e são indicados para a prevenção de agentes dos grupos de risco 2 e 3.
- **Classe III:** oferece maior proteção, sendo indicado para uso com agentes biológicos do grupo de risco 4.

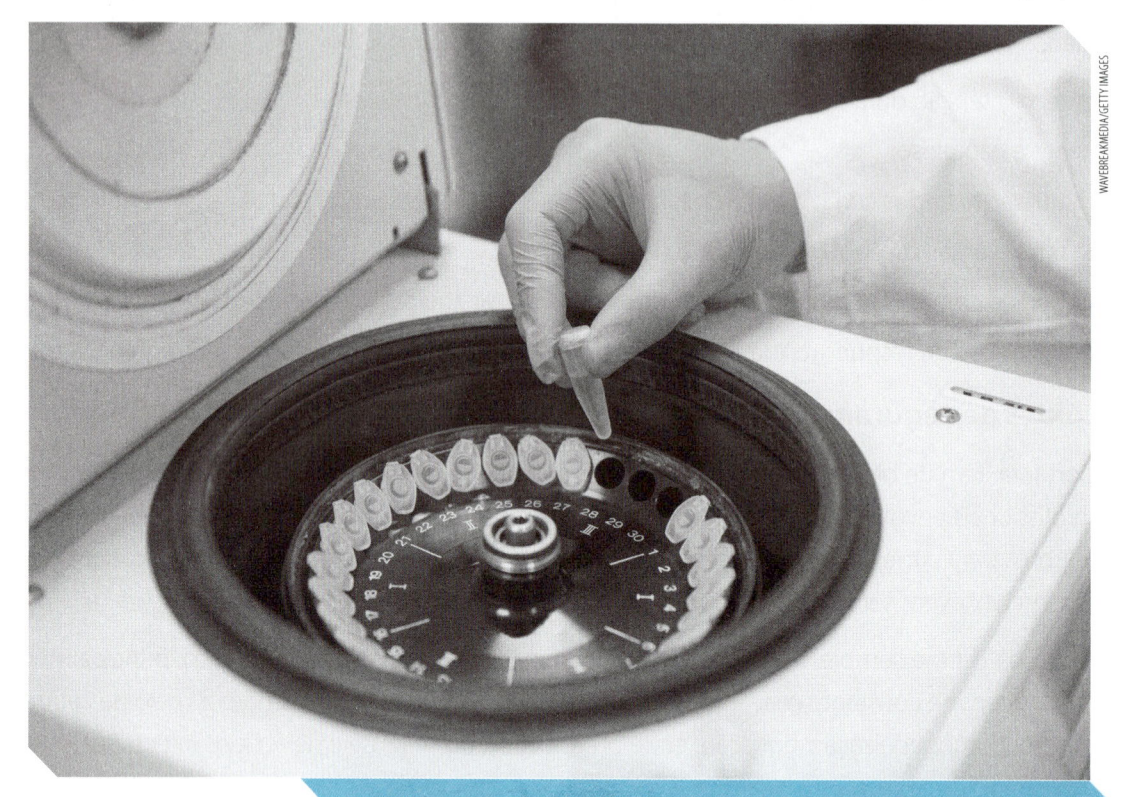

Figura 2.1 – Os materiais biológicos só poderão ser centrifugados fora de cabines de segurança se forem utilizadas centrífugas de segurança e frascos lacrados.

Além dos procedimentos de segurança, a cabine de segurança biológica, assim como os serviços de laboratório de modo geral, devem seguir diretrizes e possuir equipamentos que possibilitem ações de emergência em casos de acidentes em seus perímetros, com o intuito de amenizar os danos que possam causar aos profissionais, materiais e arredores envolvidos nas atividades, como por exemplo:

- chuveiros de emergência para eliminação ou redução de danos em qualquer parte do corpo;
- lava olhos para eliminação ou redução de danos nos olhos e/ou face;
- sinalização de identificação de riscos por meio de simbologia normatizadas;
- caixas próprias, com tampas e identificadas para o transporte de amostras biológicas.

É importante ressaltar que esses são exemplos básicos e devem ser acompanhados de normas específicas devidamente aplicadas e de conhecimento dos colaboradores. Essas normas devem incluir instruções para derramamento de material biológico, exposição acidental, falha nos equipamentos e até mesmo incêndio. Apesar de este livro tratar sobre biossegurança voltada a riscos biológicos, os procedimentos padrões se assemelham às práticas de biossegurança voltadas aos laboratórios de riscos químicos.

Figura 2.2 – Uma das formas mais imediatas de identificar um risco é por meio da simbologia, desde que os colaboradores estejam familiarizados com os símbolos relacionados a cada risco correspondente.

2.2 Conceitos de perigo e risco

Para os leigos, é natural confundir risco com perigo, afinal são termos comumente usados no cotidiano das pessoas. Porém, quando falamos em Biossegurança, é necessário defini-los de forma mais técnica, tendo em vista a finalidade do tema, qual seja, a preservação da integridade física dos profissionais que trabalham em ambiente laboratorial.

Não há consenso a respeito das definições de risco e perigo: há estudiosos defendendo que esses termos são sinônimos, e outros (a maioria) preconizando que são termos completamente diferentes, tanto na nomenclatura quanto no conceito técnico propriamente dito. Por isso, veremos a seguir as definições aceitas pela doutrina dominante da área de Segurança do Trabalho.

2.2.1 Definição de perigo

Perigo é uma palavra de origem latina, *periculum* (contingência iminente ou não de perder alguma coisa ou de que suceda um mal). É a concretização de um dano indesejado, de um evento prejudicial à integridade física, à psíquica ou ao patrimônio. Veja, a seguir, dois exemplos práticos:

- **Perigos de queda de objetos:** em uma obra de construção civil, os trabalhadores estão constantemente sujeitos aos perigos de quedas de ferramentas de trabalho, blocos de cimento, madeira ferragem etc. sobre suas cabeças, podendo ocorrer, em uma dessas eventuais quedas, apenas um incidente ou um acidente leve, um grave ou até mesmo um fatal.
- **Perigos de acidentes de trânsito:** durante o percurso de um motociclista em uma via de trânsito rápido, ele está cercado de perigos de acidentes envolvendo a motocicleta e outros veículos, colisões entre veículos, até mesmo a queda de partes de um viaduto sobre a moto naquele instante, por exemplo.

Nesse sentido, o Glossário da NR-10, norma do MTE que regulamenta a segurança em instalações e serviços em eletricidade, define perigo como "situação ou condição de risco com probabilidade de causar lesão física ou dano à saúde das pessoas por ausência de medidas de controle" (BRASIL, 1978, p. 8).

2.2.2 Definição de risco

Risco, ao contrário de perigo, denota incerteza em relação a um evento futuro, podendo ser definido como a probabilidade de ocorrer, de concretizar-se esse evento indesejado (perigo).

O Glossário da NR-10, define risco como a "capacidade de uma grandeza com potencial para causar lesões ou danos à saúde das pessoas" (BRASIL, 1978, p. 9).

Há um exemplo, muito simples e conhecido, que esclarece a dúvida. Imagine duas pessoas atravessando o oceano: uma delas está em um navio de grande porte, e a outra, em um barco a remo. O principal perigo que há nos oceanos (águas profundas e grandes ondas – afogamento) é o mesmo em ambos os casos, porém o risco (ou seja, a probabilidade de acontecer algum dano) é muito maior para a pessoa que está no barco a remo.

Dessa definição, podemos estabelecer a seguinte fórmula:

$$R = P \cdot E$$

Em que:
- **R** = Risco
- **P** = Perigo
- **E** = Exposição

Por exemplo, consideremos uma obra de construção civil em que o perigo (P) de quedas de objetos (ferramentas, blocos, madeiras etc.) sobre a cabeça dos trabalhadores seja constante. Porém, é domingo, e todos os funcionários estão de folga, ou seja, nesse dia, não há nenhum trabalhador exposto (E) a esse perigo. Portanto, apesar de existir o perigo de quedas de objetos sobre a cabeça dos trabalhadores, no domingo o risco é nulo.

Veja:

$$R = P \cdot E \rightarrow R = 100\% \; 0 = 0 \rightarrow \text{Logo, Risco (R)} = 0$$

Diante do exposto, podemos perceber que, quanto maior é a exposição (E) a determinado perigo, maior é o risco (R).

2.2.3 Riscos ocupacionais

Atualmente, os tipos de riscos presentes nos ambientes de trabalho de forma geral estão regulamentados pela Portaria MTE nº 25, de 29 de dezembro de 1994 (Anexo IV – NR 5 – CIPA), que os classifica em cinco grupos (BRASIL, 1994b):

- **Grupo 1:** representam os riscos físicos, como ruído, vibrações, radiações ionizantes e não ionizantes, frio e calor, as pressões anormais e umidade; são sinalizados pela cor verde no mapa de riscos.
- **Grupo 2:** representam os riscos químicos, como poeiras, fumos, névoas, neblinas, gases, vapores, bem como substâncias, compostos ou produtos químicos em geral; são sinalizados pela cor vermelha no mapa de riscos.
- **Grupo 3:** representam os riscos biológicos, como vírus, bactérias, protozoários, fungos, parasitas e bacilos; são sinalizados pela cor marrom no mapa de riscos.
- **Grupo 4:** representam os riscos ergonômicos, como esforço físico intenso, levantamento e transporte manual de peso, exigência de postura inadequada, controle rígido de produtividade, imposição de ritmos excessivos, trabalho em turno e noturno, jornadas de trabalho prolongadas, monotonia e repetitividade e outras situações causadoras de estresse físico e/ou psíquico; são sinalizados pela cor amarela no mapa de riscos.
- **Grupo 5:** representam os riscos de acidentes, como arranjo físico inadequado, máquinas e equipamentos sem proteção, as ferramentas inadequadas ou defeituosas, iluminação inadequada, eletricidade, probabilidade de incêndio ou explosão, armazenamento inadequado, animais peçonhentos e outras situações de risco que poderão contribuir para a ocorrência de acidentes; são sinalizados pela cor azul no mapa de riscos.

2.3 Características gerais de bactérias, vírus e fungos

Vivemos em um mundo rodeado de micro-organismos praticamente invisíveis, que atentam contra a vida do homem. Seres que, apesar de, em alguns casos, fazerem bem à saúde humana (como é o caso dos probióticos, as bactérias que fazem bem), em sua maioria deixam terríveis sequelas que forçam o homem a criar cada vez mais medicamentos, vacinas, medidas de prevenção etc., sempre em busca de uma esperança de vida melhor.

Veremos, a seguir, os micro-organismos mais conhecidos nos dias de hoje: as bactérias, os vírus e os fungos.

2.3.1 Bactérias

Podem ser consideradas um dos seres vivos mais antigos, estando presentes em quase todos os lugares do planeta, seja no ar, na água, no solo e até mesmo dentro de nós mesmos.

A maioria das bactérias não pode ser vista a olho nu; apenas com o auxílio de microscópios. Apesar de seu pequeno tamanho, multiplicam-se de forma rápida e violenta, sendo responsáveis por causar inúmeras doenças ao homem.

Figura 2.3 – A tuberculose ainda é uma doença muito presente na vida de muitas pessoas.

Quanto ao metabolismo, classificam-se em três categorias:

- **Aeróbicas:** as bactérias aeróbicas alimentam-se e fazem sua respiração celular usando o oxigênio para quebrar a glicose e produzir ATP (fermentação ou respiração) como fonte de energia. Como exemplo desse tipo de bactéria, podemos citar a *Myobacterium tuberculose*, causadora da tuberculose.
- **Anaeróbicas:** as bactérias anaeróbicas comem, fazem fermentação e não usam o oxigênio para quebrar a glicose ingerida, ou seja, não precisam de oxigênio para sobreviver. Como exemplo, podemos citar a *Clostridium tetani*, bactéria causadora do tétano.
- **Aeróbicas facultativas:** essas bactérias fazem tanto fermentação quanto respiração celular. Em outras palavras, também sobrevivem sem oxigênio. Como exemplo, podemos citar a *Escherichia coli*.

2.3.1.1 Doenças de origem bacteriana

Doenças provocadas por bactérias são uma constante na vida dos seres humanos. Veja na Tabela 2.1 as principais doenças causadas por bactérias:

Tabela 2.1 – Doenças provocadas por bactérias e seus respectivos agentes causadores

Doença	Bactéria
Tuberculose	*Mycobacterium tuberculosis*
Hanseníase (lepra)	*Mycobacterium lepra*
Difteria	*Corynebacterium diphteriae*
Coqueluche	*Bordetella pertussis*
Pneumonia bacteriana	*Streptococcus pneumoniae*
Tétano	*Clostridium tetani*
Escarlatina	*Streptococcus pyogenes*
Leptospirose	*Leptospira interrogans*
Tracoma	*Chlamydia trachomatis*
Gonorreia ou blenorragia	*Neisseria gonorrhoeae*
Sífilis	*Treponema pallidum*
Meningite meningocócica	*Neisseria meningitidis*
Cólera	*Vibrio cholerae*
Febre tifoide	*Salmonella typhi*

FIQUE DE OLHO!

As bactérias são combatidas por meio de antibióticos, que, quando usados conforme orientação médica, têm efeito eficaz, porém seu uso irregular pode aumentar rapidamente o número de colônias bacterianas no organismo, piorando assim a doença.

2.3.2 Vírus

Os vírus (do latim *virus*, que significa veneno ou toxina) podem ser considerados como um mal que assola a humanidade desde tempos remotos. O homem, sempre em busca de grandes descobertas, de curas de doenças terríveis, de medicamentos cada vez mais eficazes etc., sempre acompanhado de uma evolução constante da ciência e da tecnologia, conseguiu ver os vírus com a invenção do microscópio eletrônico em 1931, pelo físico alemão Ernst Ruska (1906-1988) e pelo engenheiro elétrico alemão Max Knoll (1897-1969).

Quatro anos depois, em 1935, o virologista e bioquímico estadunidense Wendell Meredith Stanley (1904-1971) examinou o vírus do mosaico do tabaco e descobriu que ele era formado principalmente por proteínas.

Por volta de 1937, o botânico Frederick Bawden (1908-1972) e o virologista britânico Norman Pirie (1907-1997) conseguiram separar o vírus do mosaico em porções proteicas e de RNA.

Já em 1955, o bioquímico alemão Heinz Fraenkel-Conrat (1910-1999) e o biofísico e virologista estadunidense Robley Williams (1908-1995) demonstraram que o RNA do vírus do mosaico do tabaco e o seu revestimento de proteína purificada (capsídeo) podiam estruturar-se por si só para formar vírus funcionais, com a aptidão de replicar-se dentro de uma célula hospedeira.

2.3.2.1 Características básicas

Os vírus são constituídos por uma cápsula proteica (capsídeo) que envolve o material genético (DNA ou RNA), o que pode variar conforme cada tipo de vírus. Apresentam três características básicas:

- formam-se de ácidos nucleicos e proteínas;
- possuem capacidade de autorreprodução;
- são suscetíveis a mutações.

2.3.2.2 Doenças originadas de vírus

Existem muitas doenças causadas por vírus, e muitas delas ainda não tiveram seu verdadeiro agente causador identificado. Veja na Tabela 2.2 as principais doenças causadas por vírus, bem como o respectivo agente causador.

Tabela 2.2 – Doenças provocadas por vírus e seus agentes causadores

Doença	Vírus
Dengue	*Flavivirus*
Diarreia	*Rotavirus*
Ebola	*Filovirus*
Herpes	*Simplexvirus*
Sarampo	*Morbillivirus*
Varíola	*Orthopoxvirus*
Hepatite	*Hepatovirus* A, B, C, D, E, F e G, *Cytomegalovirus*
Gripe	*Influenzavirus* A, B e C
Caxumba	*Paramyxovirus*
Aids	Vírus da imunodeficiência humana (VIH). Pertence ao gênero *Lentivirus* e faz parte da família *Retroviridae*
Febre amarela	*Flavivirus* (o vírus da febre amarela)
Condiloma genital	Vírus do papiloma humano (VPH)

2.3.3 Fungos

Os fungos foram considerados, por muito tempo, como vegetais. Somente a partir de 1969 começaram a ser classificados em um reino à parte, o Reino *Fungi*.

São organismos eucariotas que apresentam uma variedade de modos de vida. Por exemplo, podem viver como saprófagos (alimentando-se da decomposição de organismos mortos), assim como também podem atuar como parasitas (alimentando-se de substâncias que retiram dos organismos vivos hospedeiros, prejudicando-os ou podendo estabelecer associações mutualísticas, em que ambos se beneficiam).

Também são considerados fungos os micro-organismos, como as leveduras, os bolores, os cogumelos etc.

> **FIQUE DE OLHO!**
> Os fungos possuem uma capacidade de adaptação fantástica. Podem ser encontrados em várias formas de vida, assim como no solo, na água, nos vegetais, em animais e no próprio homem.

2.3.3.1 Características básicas

Os fungos possuem características essenciais que os diferenciam dos demais seres vivos, como:

- são organismos eucariontes, aclorofilados e heterótrofos;
- têm preferência por locais úmidos e ricos em matéria orgânica;
- possuem uma nutrição extracorpórea, ou seja, eliminam no ambiente as enzimas digestivas, que fragmentam o alimento disponível;
- sua parede é constituída de quitina, ao contrário dos vegetais, que contêm celulose;
- sua reprodução é feita por meio de esporos, assexuada ou sexuadamente.

2.3.3.2 Doenças causadas por fungos

Entre as doenças mais comuns provocadas por fungos estão as micoses. Destas, as mais frequentes surgem na pele, podendo manifestar-se em qualquer parte da superfície do corpo humano.

Veja na Tabela 2.3 as principais doenças causadas por fungos.

Tabela 2.3 – Doenças provocadas por fungos e seus respectivos agentes causadores

Doença	Fungo
Pitiríase versicolor (impingem)	*Malassezia furfur*
Candidíase (DST)	*Candida albicans*
Tinea pedis (pé de atleta)	*Trichophyton rubrum* ou *Trichophyton mentagrophytes*
Paroníquia (unheiro)	*Candida albicans*

2.4 Controle de micro-organismos

A prática do controle de micro-organismos teve início recente, há aproximadamente 100 anos, por meio das pesquisas do cientista francês Louis Pasteur (1822-1895), levando a comunidade científica a crer que os micróbios seriam uma possível causa de doenças.

As primeiras práticas de controle microbiano para procedimentos de saúde ocorreram por volta da metade do século XIX, graças aos estudos do médico húngaro Ignaz Semmelweis e do médico inglês Joseph Lister (1827-1912). Tiveram início com práticas simples, como a lavagem das mãos usando hipoclorito de cálcio, a utilização de técnicas cirúrgicas assépticas etc.

2.4.1 Terminologia básica

Para fins didáticos, e considerando a relevância do tema, abordaremos a seguir as terminologias básicas usadas no controle de micro-organismos:

- **Assepsia:** conjunto de procedimentos utilizados para evitar a infecção dos tecidos durante as intervenções cirúrgicas. Engloba os seguintes procedimentos: esterilização, desinfecção e antissepsia.
- **Antissepsia:** técnica de desinfecção química utilizada para promover a destruição ou a inativação dos micro-organismos presentes na pele, nas mucosas, em tecidos vivos de animais ou humanos etc. Por exemplo, fazer a antissepsia das mãos antes de tratar determinado curativo.
- **Degermação:** técnica de retirada forçada dos micro-organismos presentes na pele por meio do uso de antissépticos. Por exemplo, o procedimento de passar o algodão cheio de álcool iodado na pele antes da aplicação de uma injeção trata-se de uma degermação.
- **Desinfecção:** adoção de métodos ou produtos, físicos ou químicos, com a finalidade de destruir (matar) ou inibir micro-organismos patogênicos em superfícies ou em ambientes, como salas cirúrgicas e baias, a ponto de não mais oferecer riscos de disseminação.

FIQUE DE OLHO!

Você sabia que os desinfetantes e os antissépticos têm efeitos semelhantes?
Ambos são métodos muito utilizados em ambientes de saúde, porém poucos conhecem suas finalidades. Os desinfetantes são substâncias químicas usadas em objetos inanimados (mesas cirúrgicas, por exemplo); quando essas mesmas substâncias químicas forem usadas em tecidos vivos, serão chamadas de antissépticos. Exemplos: clorexidina alcoólica e iodopovidona.

- **Esterilização:** remoção ou destruição total de micro-organismos patogênicos e não patogênicos (todas as formas de vida) presentes em determinado objeto ou material. O aquecimento é a técnica mais utilizada para destruir os micro-organismos, incluindo as formas mais resistentes, como os endósporos. Por exemplo, alicates e cortadores de unha usados pelas manicures devem ser esterilizados sempre após o uso, garantindo a segurança da próxima cliente.

- **Germicidas:** são agentes químicos ou físicos capazes de eliminar (matar) os micro-organismos. Por exemplo, virucidas matam vírus, fungicidas matam fungos, bactericidas matam bactérias etc.
- **Sanitização:** tratamento que ocasiona a redução da vida microbiana em equipamentos de manipulação de alimentos, utensílios alimentares etc. até níveis seguros de saúde pública.
- **Sepse ou septicemia:** contaminação bacteriana grave do organismo por micróbios patogênicos.

AMPLIE SEUS CONHECIMENTOS

Quem foi Louis Pasteur?

Pasteur realizou importantes descobertas na história da Química e da Medicina. Dentre seus feitos mais relevantes estão a redução da mortalidade por febre puerperal, a criação da primeira vacina contra a raiva e a invenção dos primeiros métodos para impedir que o leite e o vinho causassem doenças, um processo conhecido hoje como pasteurização.

Figura 2.2 – Louis Pasteur teve grande importância para a Química e a Medicina. Suas maiores descobertas foram a prevenção e a cura de diversas doenças.

Em 1903, foi criado o Instituto Pasteur de São Paulo, referência no estudo da raiva e atuante no controle desta e de outras encefalites virais. Conheça mais pelo site: <http://www.saude.sp.gov.br/instituto-pasteur/>. Acesso em: 16 dez. 2019.

2.4.2.1 Terminologia básica da Anvisa

A Anvisa, por meio da Consulta Pública nº 104, de 23 de dezembro de 2002, aborda as seguintes definições técnicas:

> [...]
>
> I – Álcool líquido: álcool etílico líquido em concentração superior a 68% p/p e inferior a 72% p/p comercializado como desinfetante, e inferior a 90% comercializado como antisséptico, sem adição de desnaturante, exclusivamente para uso nas OPSS [organizações prestadoras de serviços de saúde], com identificação de venda proibida ao público.

II – Antisséptico: substância química que apresenta atividade antimicrobiana, designada para uso em pele ou mucosa. Os antissépticos podem necessitar ou não de enxágue posterior.

III – Área crítica: aquela onde existe risco aumentado para desenvolvimento de infecções relacionadas à assistência, seja pela execução de processos envolvendo artigos críticos ou material biológico, pela realização de procedimentos invasivos ou pela presença de pacientes com susceptibilidade aumentada aos agentes infecciosos ou portadores de micro-organismos de importância epidemiológica. Exemplos: salas de cirurgia, unidades de tratamento intensivo, salas de hemodiálise, leitos ou salas de isolamento, centrais de material e esterilização, bancos de sangue e área suja de lavanderia hospitalar.

IV – Área não crítica: aquela onde o risco de desenvolvimento de infecções relacionadas à assistência é mínimo ou inexistente, seja pela não realização de atividades assistenciais, ou pela ausência de processos envolvendo artigos críticos e semicríticos, exceto quando devidamente embalados e protegidos. Exemplos: escritórios, almoxarifados, salas administrativas, corredores, elevadores.

V – Área semicrítica: aquela onde existe risco moderado a baixo para desenvolvimento de infecções relacionadas à assistência, seja pela execução de processos envolvendo artigos semicríticos ou pela realização de atividades assistenciais não invasivas em pacientes não críticos e que não apresentem infecção ou colonização por micro-organismos de importância epidemiológica. Exemplos: enfermarias, consultórios, área limpa de lavanderia hospitalar.

VI – Artigo crítico: aquele utilizado em procedimentos de alto risco para desenvolvimento de infecções ou que penetra tecidos ou órgãos. Requer esterilização para uso. Exemplos: instrumental cirúrgico, agulhas hipodérmicas, cateteres vasculares, pinças de biópsia.

VII – Artigo não crítico: utilizado em procedimentos com baixíssimo risco de desenvolvimento de infecções associadas ou que entra em contato apenas com pele íntegra. Requer limpeza apenas ou desinfecção de baixo ou médio nível, dependendo do risco de transmissão secundária de micro-organismos de importância epidemiológica. Exemplos: roupas de cama e banho e mobiliário de paciente, paredes e pisos, termômetro axilar, diafragma de estetoscópio, aparelhos de pressão.

VIII – Artigo semicrítico: aquele que entra em contato com a pele não íntegra ou com mucosa. Requer desinfecção de alto nível ou esterilização para uso. Exemplos: equipamentos de terapia respiratória e de anestesia, endoscopia.

IX – Desinfecção de alto nível: processo físico ou químico que destrói todos os micro-organismos de objetos inanimados e superfícies, exceto um número elevado de esporos bacterianos.

X – Desinfecção de baixo nível: processo físico ou químico que elimina bactérias vegetativas, alguns vírus e fungos, de objetos inanimados e superfícies, sem atividade contra micobactérias ou esporos bacterianos.

XI – Desinfecção de médio nível: processo físico ou químico que elimina bactérias vegetativas, microbactérias, a maioria dos vírus e fungos, de objetos inanimados e superfícies.

XII – Desinfecção: processo físico ou químico que elimina a maioria dos micro-organismos patogênicos de objetos inanimados e superfícies, com exceção de esporos bacterianos, podendo ser de baixo, médio ou alto nível.

XIII – Desinfetante de alto nível: substância química que elimina todos os micro-organismos em um período de tempo menor que trinta minutos, exceto um número elevado de esporos bacterianos.

XIV – Desinfetante de baixo nível: substância química que elimina bactérias vegetativas, alguns vírus e fungos em um período de tempo menor ou igual a dez minutos, sem ação contra micobactérias e esporos bacterianos.

XV – Desinfetante de médio nível: substância química que elimina bactérias vegetativas, micobactérias, a maioria dos vírus e fungos em um período de tempo de no mínimo trinta minutos, sem ação contra esporos bacterianos.

XVI – Desinfetante: substância química que apresenta atividade antimicrobiana, designada para o uso em objetos inanimados e superfícies.

XVII – Higienização das mãos: remoção de sujidade e/ou redução de micro-organismos presentes nas mãos por meio de lavagem com água e sabão e/ou por aplicação direta de produto antisséptico, com ou sem necessidade de enxágue posterior com água.

XVIII – Limpeza: remoção mecânica de sujidade em objetos inanimados ou superfícies, imprescindível antes da execução de processos de desinfecção e/ou esterilização.

XIX – Organização prestadora de serviços de saúde – OPSS: organização que oferece assistência à saúde humana ou veterinária, nos níveis hospitalar, ambulatorial ou domiciliar, independentemente da natureza ou da entidade mantenedora. (BRASIL, 2002, p. 2-3)

2.4.3 Métodos de controle microbiano

Atualmente, existem dois métodos muito utilizados para o controle da vida microbiana (vírus, bactérias, fungos etc.): o método físico e o método químico.

2.4.3.1 Método físico

O método físico de controle microbiano aplica-se com: temperatura, radiações, filtração, dessecação, remoção do oxigênio e pressão osmótica. Veja, a seguir, as peculiaridades de cada técnica.

Temperatura

O uso da temperatura para o controle do crescimento e a eliminação de micro-organismos constitui um dos métodos mais antigos e eficientes. Essa técnica de esterilização pode ocorrer pelo calor úmido ou pelo calor seco.

Tabela 2.4 – Métodos de esterilização pelo calor úmido

Método	Ação
Fervura	Após 15 minutos de fervura, destrói bactérias, fungos e muitos vírus. Porém, não é eficaz contra todos os endósporos.
Autoclavação	Método de esterilização que requer um equipamento chamado autoclave. A esterilização é alcançada após 45 minutos a 115 °C ou 15 minutos a 121 °C.
Pasteurização	Técnica de esterilização usada principalmente na indústria de tratamento do leite, com a finalidade de manter suas propriedades nutricionais. O alimento é submetido à exposição a altas temperaturas, seguida rapidamente de um brusco resfriamento.

Tabela 2.5 – Métodos de esterilização pelo calor seco

Método	Ação
Flambagem	Pode ser considerada a técnica de esterilização mais simples adotando o calor seco. Consiste na ação direta da chama (fogo) sobre o objeto a ser esterilizado até atingir um brilho vermelho (incandescência).
Incineração	É a técnica de esterilização que consiste na oxidação completa do material até formar cinzas. Recomendado para carcaças de animais, restos de curativos, resíduos hospitalares descartáveis etc.
Fornos/estufas	Método de esterilização capaz de promover, dentro de uma câmara, aquecimento mais rápido, controlado e uniforme. Recomendado para vidrarias, instrumentos cirúrgicos e outros materiais resistentes ao calor.

Radiações

As radiações estão presentes de diversas formas em nosso dia a dia, inclusive no processo de esterilização de superfícies, objetos, instrumentos cirúrgicos etc. Essas radiações são capazes de eliminar (matar), de forma prática e eficaz, os micro-organismos que atentam contra a vida do homem.

Existem dois tipos de radiação muito utilizados no processo de esterilização: radiação ionizante e radiação não ionizante.

- **Radiação ionizante:** tem como efeito principal a morte ou a inativação do micro-organismo, por meio da destruição do seu DNA celular. Constitui um dos métodos mais indicados para a esterilização de luvas, cateteres, fios e suturas, seringas plásticas e demais produtos hospitalares descartáveis.
- **Radiação não ionizante:** método de esterilização pouco utilizado em ambientes hospitalares, em razão dos efeitos nocivos sobre a pele e os olhos. Essa técnica de esterilização é encontrada no mercado sob a forma de lâmpadas germicidas, utilizadas para o controle de micro-organismos no ar, podendo ser encontradas em enfermarias, centros cirúrgicos, berçários etc.

Filtração

A filtração é a técnica de esterilização usada para remover micro-organismos de líquidos, do ar e de gases. Nesse processo, os filtros podem ser de vários tipos (discos de amianto, velas porosas, filtros de vidro poroso, de celulose etc.).

Dessecação

A dessecação é o método que consiste em remover a umidade de determinada matéria, impedindo-a também de absorver a umidade do ar, tendo em vista que, nessas condições (ambiente seco), os micro-organismos não conseguem crescer e se reproduzir. Porém, quando a água for reintroduzida, eles poderão ser reativados, voltando ao seu crescimento e à sua divisão natural.

Remoção do oxigênio

A remoção do oxigênio é um método de esterilização muito praticado pelas indústrias alimentícias, que utilizam embalagens envasadas a vácuo para melhorar a conservação de seus produtos (queijos, carnes e legumes, por exemplo).

Pressão osmótica

Método muito utilizado para a conservação dos alimentos, que utiliza altas concentrações de sais e açúcares, forçando as células dos micro-organismos a perderem água por osmose, podendo ficar murchas, o que prejudica o crescimento bacteriano.

2.4.3.2 Método químico

O método químico de controle microbiano aplica-se com: sabões e detergentes, álcoois, mercúrio, compostos fenólicos, ácidos orgânicos, aldeídos, iodo, peroxigênios, antibióticos, entre outros. Veja, a seguir, as peculiaridades de cada técnica.

Sabões e detergentes

O uso de sabões e detergentes na área da Saúde é uma necessidade constante para todos os envolvidos no processo de saúde e segurança hospitalar. Pacientes, médicos, enfermeiros, técnicos de enfermagem, auxiliares e visitantes devem, sempre que possível, fazer uso dessas substâncias logo nas primeiras etapas de desinfecção, de modo a erradicar a presença de micro-organismos prejudiciais, como é o caso das bactérias.

São divididos em:

- **Aniônicos:** por meio da esfregação, acabam atuando de maneira mecânica na remoção dos micro-organismos prejudiciais; não são tóxicos nem corrosivos, e possuem ação rápida e eficiente.
- **Catiônicos (sais quaternários de amônio):** são excelentes bactericidas, possuindo ação rápida e eficaz contra bactérias, principalmente as gram-positivas; exercem também ação fungicida, amebicida e virucida (contra vírus envelopados).

Álcoois

Os álcoois, na concentração de 70% a 90%, possuem excelente aplicação para a antissepsia da pele, desinfecção de instrumentos cirúrgicos etc. Nessa concentração, está classificado no nível intermediário, com condições de matar o bacilo da tuberculose, fungos e vírus, por exemplo.

Mercúrio

O mercúrio, na concentração de 1%, é usado na antissepsia da pele e na desinfecção de instrumentos. É classificado no nível baixo, não tendo condições, em curto prazo, de matar o bacilo da tuberculose nem esporos e vírus.

Compostos fenólicos

Os compostos fenólicos, na concentração de 0,5% a 3,0%, são muito utilizados para a desinfecção de objetos inanimados. Classificados no nível intermediário, com condições de matar o bacilo da tuberculose, fungos e vírus, por exemplo.

Ácidos orgânicos

Os ácidos orgânicos são ótimos inibidores do crescimento de bolores (ação não relacionada à acidez).

Aldeídos

A ação dos aldeídos provoca desnaturação proteica, sendo, por isso, muito utilizados para desinfecção de equipamentos médicos.

Iodo

O iodo possui muitas utilidades. Na concentração de 1%, é usado para antissepsia da pele, em pequenos cortes, na desinfecção da água etc. Está classificado no nível intermediário de desinfecção, com condições de matar o bacilo da tuberculose, fungos e vírus, por exemplo.

Peroxigênios

Os peroxigênios possuem forte ação oxidante. Atuam principalmente sobre os anaeróbicos sensíveis a oxigênio. Por exemplo, em ambientes hospitalares, a água oxigenada é um peroxigênio muito utilizado para limpeza de ferimentos e cortes profundos.

Antibióticos

Os antibióticos, muito presentes em nossas vidas, têm a função de inibir a síntese de DNA e da parede celular do micro-organismo. Com isso, atuam na membrana celular, desorganizando-a e levando à saída de componentes citoplasmáticos, o que provoca a morte da célula bacteriana.

2.5 Níveis de Biossegurança em laboratórios

A Biossegurança em laboratórios tem por objetivos:

- criar programas de treinamento e conscientização, com a finalidade de prevenir e monitorar possíveis acidentes de trabalho em ambientes laboratoriais;
- identificar e classificar áreas com potencial de risco à saúde;
- implementar normas preconizadas em Biossegurança, com a finalidade de prevenir riscos para funcionários, alunos, pacientes e o meio ambiente;
- normatizar e padronizar procedimentos que regulamentam normas de segurança e Biossegurança Hospitalar.

Em ambientes laboratoriais, o nível de Biossegurança de determinado procedimento será norteado conforme o agente biológico de maior classe de risco envolvido. Caso não seja possível conhecer a patogenicidade desse agente, deve-se realizar uma avaliação do risco para estimar o nível de contenção.

De acordo com a Anvisa (BRASIL, 2004b), a Comissão Técnica Nacional de Biossegurança, também conhecida pela sigla CTNBio, é o organismo responsável pelas atribuições relativas ao estabelecimento de normas, análise de risco, definição dos níveis de Biossegurança e classificação de Organismos Geneticamente Modificados (OGM). Segundo a CTNBio, os níveis de Biossegurança são classificados em quatro, que veremos a seguir.

> **LEMBRE-SE**
>
> Biossegurança pode ser o conjunto de procedimentos e instruções técnicas destinado à prevenção e riscos inerentes às atividades dos laboratórios de assistência, ensino, pesquisa e desenvolvimento tecnológico e que, de alguma maneira, possam comprometer a saúde dos profissionais e do meio ambiente.

2.5.1 NB-1: nível 1 de Biossegurança

O primeiro nível de Biossegurança é aplicado às atividades que envolvam agentes biológicos com menor grau de risco (Classe de Risco I) para profissionais do laboratório e para o meio ambiente. Nesse nível, encontram-se os agentes biológicos pertencentes à Classe de Risco I, ou seja, os agentes que apresentam nenhum ou baixo risco individual e comunitário, bem como os micro-organismos que tenham pouca probabilidade de causar enfermidades humanas e em animais. Por exemplo, o *Lactobacillus casei* e o *Bacillus subtilis* (também conhecido como bacilo da grama ou bacilo do feno) (BRASIL, 2004b).

2.5.1.1 Características essenciais

O nível 1 de Biossegurança (NB-1) em laboratórios apresenta as seguintes características:

- geralmente, as atividades são conduzidas em bancadas abertas, não exigindo equipamentos especiais de contenção;
- os acessos aos laboratórios serão limitados ou restritos de acordo com as definições do responsável pela área;
- não será permitida a entrada de animais e crianças;
- os profissionais deverão ter treinamentos específicos para as atividades que irão exercer, além de trabalhar sob supervisão;
- todos os procedimentos técnicos e administrativos serão descritos;
- aplicação das boas práticas laboratoriais (BPLs) e utilização de EPIs;
- o laboratório não está separado das demais dependências do edifício e deve possuir uma pia específica para lavar as mãos.

Nesse sentido, a Anvisa (BRASIL, 2008) complementa:

> [...] O nível de Biossegurança 1 representa um nível básico de contenção que se baseia nas práticas padrões de microbiologia, sem uma indicação de barreiras primárias ou secundárias, com exceção de uma pia para a higienização das mãos.
>
> As práticas, o equipamento de segurança e o projeto das instalações são apropriados para o treinamento educacional secundário ou para o treinamento de técnicos e de professores de técnicas laboratoriais. Este conjunto também é utilizado em outros laboratórios onde é realizado o trabalho, com cepas definidas e caracterizadas de micro-organismos viáveis e conhecidos por não causarem doenças em homens adultos e sadios. O *Bacillus subtilis*, o *Naegleria gruberi*, o vírus da hepatite

canina infecciosa e organismos livres sob as Diretrizes do NIH de DNA Recombinantes são exemplos de micro-organismos que preenchem todos estes requisitos [...]. Muitos agentes que geralmente não estão associados a processos patológicos em homens são, entretanto, patógenos oportunos e podem causar uma infecção em jovens, idosos e indivíduos imunodeprimidos. (BRASIL, 2008, p. 2)

2.5.2 NB-2: nível 2 de Biossegurança

O segundo nível de Biossegurança é aplicado às atividades que envolvam agentes de risco moderado para os profissionais e para o meio ambiente, em geral, agentes causadores de doenças infecciosas (Classe de Risco II).

Os agentes dessa classe apresentam risco individual moderado e risco comunitário limitado. A exposição ao agente patogênico pode provocar doença humana ou animal, porém se dispõe de medidas eficazes de tratamento e prevenção, sendo o risco de propagação limitado. Por exemplo, *Clostridium tetani, Staphylococcus aureus, Candida albicans, Schistosoma mansoni, Plasmodiumfalcipar um* etc. (BRASIL, 2004b).

2.5.2.1 Características essenciais

NB-2 em laboratórios apresenta as seguintes características:

- as instalações exigidas devem atender às especificações estabelecidas para o NB-1 acrescidas das seguintes exigências:
  - autoclave disponível para descontaminação no interior do laboratório ou próxima a este, de modo que permita a descontaminação de todo o material antes do seu descarte;
  - cabine de Segurança Biológica Classe I ou II e centrífuga com caçapa protegida sempre que houver manipulação de materiais em que possa existir a formação de aerossóis.
- os profissionais deverão ter treinamento específico no manejo de agentes patogênicos, ser orientados sobre os possíveis riscos e trabalhar sob supervisão.
- o acesso ao laboratório será limitado durante os procedimentos operacionais.

A Anvisa (BRASIL, 2008) complementa:

> [...]
>
> As práticas, os equipamentos, o projeto e a construção são aplicáveis aos laboratórios clínicos, de diagnóstico, laboratórios-escolas e outros laboratórios onde o trabalho é realizado com um maior espectro de agentes nativos de risco moderado presentes na comunidade e que estejam associados a uma patologia humana de gravidade variável. Com boas técnicas de microbiologia, esses agentes podem ser usados de maneira segura em atividades conduzidas sobre uma bancada aberta, uma vez que o potencial para a produção de borrifos e aerossóis é baixo. O vírus da hepatite B, o HIV, a *Salmonella spp.* e *Toxoplasma spp.* são exemplos de micro-organismos designados para este nível de contenção.
>
> O nível de Biossegurança 2 é adequado para qualquer trabalho que envolva sangue humano, líquidos corporais, tecidos ou linhas de células humanas primárias onde a presença de um agente infeccioso possa ser desconhecida. Embora os organismos rotineiramente manipulados em um Nível de Biossegurança 2 não sejam transmitidos através de aerossóis, os procedimentos envolvendo um alto potencial para a produção de salpicos ou aerossóis que possam aumentar o risco de exposição

destes funcionários devem ser conduzidos com um equipamento de contenção primária ou com dispositivos como a Cabine de Segurança Biológica (CSB) ou os copos de segurança da centrífuga. Outras barreiras primárias, como os escudos para borrifos, proteção facial, aventais e luvas, devem ser utilizadas. As barreiras secundárias, como pias para higienização das mãos e instalações para descontaminação de lixo, devem existir com o objetivo de reduzir a contaminação potencial do meio ambiente. (BRASIL, 2008, p. 3)

2.5.3 NB-3: nível 3 de Biossegurança

O terceiro nível de Biossegurança é aplicado às atividades que envolvem micro-organismos com elevado risco infeccioso (Classe de Risco III), podendo causar doenças sistêmicas graves e potencialmente letais. Entretanto, para os agentes classificados nesse nível de Biossegurança, ainda existe profilaxia e/ou tratamento. Por exemplo, *Mycobacterium tuberculosis, Coxiella burnetii, Bacillus anthracis, Brucella spp.,Trypanosoma cruzi*, vírus da hepatite, HIV, entre outros (BRASIL, 2004b).

2.5.3.1 Características essenciais

Veja, a seguir, algumas características essenciais que norteiam o NB-3 em laboratórios:

- oferecer treinamentos específicos aos empregados no manejo de agentes patogênicos e potencialmente letais à vida, bem como orientar sobre os possíveis riscos a que estão suscetíveis, e trabalhar sob supervisão;
- devem ser utilizadas barreiras de proteção individual, e todas as manipulações serão realizadas em cabine de segurança biológica Classe II ou III, com filtro HEPA;
- quando não houver condições específicas para o NB-3 e instalações laboratoriais sem área de acesso específica, com ambientes selados ou fluxo de ar unidirecional, as atividades de rotina e operações repetitivas podem ser realizadas em laboratório com instalação NB-2, acrescidas de equipamentos de contenção e das práticas recomendadas para NB-3 (BRASIL, 2004b);
- será controlado o acesso ao laboratório; não será permitida a entrada de menores de idade.

Nesse aspecto, a Anvisa (2008) complementa:

> [...]
>
> As práticas, o equipamento de segurança, o planejamento e construção das dependências são aplicáveis para laboratórios clínicos, de diagnóstico, laboratório-escola, de pesquisa ou de produções. Nesses locais realiza-se o trabalho com agentes nativos ou exóticos que possuam um potencial de transmissão [por] via respiratória e que possam causar infecções sérias e potencialmente fatais. O *Mycobacterium tuberculosis*, o vírus da encefalite de St. Louis e a *Coxiella burnetii* são exemplos de micro-organismos determinados para este nível. Os riscos primários causados aos trabalhadores que lidam com estes agentes incluem a autoinoculação, a ingestão e a exposição aos aerossóis infecciosos.
>
> No Nível de Biossegurança 3, enfatizam-se mais as barreiras primárias e secundárias para protegerem os funcionários de áreas contíguas, a comunidade e o meio ambiente contra a exposição aos aerossóis potencialmente infecciosos. Por exemplo, todas as manipulações laboratoriais deverão ser realizadas em uma cabine de segurança biológica (CSB) ou em outro equipamento de contenção, como uma câmara hermética de geração de aerossóis. As barreiras secundárias para este nível incluem o acesso controlado ao laboratório e sistemas de ventilação que minimizam a liberação de aerossóis infecciosos do laboratório. (BRASIL, 2008, p. 4)

2.5.4 NB-4: nível 4 de Biossegurança

O quarto nível de Biossegurança representa o nível máximo de segurança em laboratórios. É aplicado às atividades que envolvem o manuseio de agentes infecciosos com alto risco de infecção individual e de transmissão pelo ar e sempre que o trabalho envolver OGM resultante de organismo receptor ou parenteral classificado como classe de risco NB-4.

Os agentes patogênicos pertencentes à Classe de Risco IV apresentam elevado risco individual e comunitário. Em outras palavras, representam grande ameaça para pessoas e animais, com fácil propagação de um indivíduo para o outro, direta e indiretamente, não existindo profilaxia nem tratamento. Por exemplo: vírus de febres hemorrágicas, vírus Ebola, certos arbovírus etc.

2.5.4.1 Características essenciais

A principal característica que norteia o NB-4 em laboratórios é que o controle do acesso ao laboratório fica a cargo do responsável técnico.

Nesse mesmo sentido, a Anvisa (BRASIL, 2008) complementa:

> [...]
>
> As práticas, o equipamento de segurança, o planejamento e a construção das dependências são aplicáveis para trabalhos que envolvam agentes exóticos perigosos que representam um alto risco por provocarem doenças fatais em indivíduos. Estes agentes podem ser transmitidos via aerossóis, e até o momento não há nenhuma vacina ou terapia disponível. Os agentes que possuem uma relação antigênica próxima ou idêntica aos dos agentes do Nível de Biossegurança 4 também deverão ser manuseados neste nível. Quando possuímos dados suficientes, o trabalho com esses agentes deve continuar neste nível ou em um nível inferior. Os vírus como *Marburg* ou vírus da febre hemorrágica Crimeia-Congo são manipulados no Nível de Biossegurança 4.
>
> Os riscos primários aos trabalhadores que manuseiam agentes do Nível de Biossegurança 4 incluem a exposição respiratória aos aerossóis infecciosos, a exposição da membrana mucosa e/ou da pele lesionada às gotículas infecciosas e a autoinoculação.
>
> Todas as manipulações de materiais de diagnóstico potencialmente infeccioso, substâncias isoladas e animais naturalmente ou experimentalmente infectados apresentam um alto risco de exposição e infecção aos funcionários de laboratório, à comunidade e ao meio ambiente. O completo isolamento dos trabalhadores de laboratórios em relação aos materiais infecciosos aerossolizados é realizado primariamente em cabines de segurança biológica Classe III ou com um macacão individual suprido com pressão de ar positivo.
>
> A instalação do Nível de Biossegurança 4 é geralmente construída em um prédio separado ou em uma zona completamente isolada, com uma complexa e especializada ventilação e sistemas de gerenciamento de lixo que evitem uma liberação de agentes viáveis no meio ambiente. (BRASIL, 2008, p. 5)

2.5.5 Resumo dos níveis de Biossegurança

Considerando a importância do pleno conhecimento dos níveis de Biossegurança aplicados em laboratórios, será apresentado a seguir um quadro-resumo contendo os quatro níveis de Biossegurança recomendados para agentes infecciosos, segundo orientação contida na publicação do Centro de Prevenção e Controle de Doenças (CDC) do Departamento de Saúde e Serviços Humanos dos Estados Unidos, Biossegurança em Laboratórios Biomédicos e Microbiologia, traduzida pelo Ministério da Saúde – Fundação Nacional de Saúde.

Tabela 2.6 – Resumo dos níveis de Biossegurança recomendados para agentes infecciosos

NB	Agentes	Práticas	Equipamento de segurança	Instalações (barreiras secundárias)
1	Que não são conhecidos por causarem doenças em adultos sadios	Práticas-padrão de Microbiologia	Não são necessários	Bancadas abertas com pias próximas
2	Associados com doenças humanas, riscos = lesão percutânea, ingestão, exposição da membrana mucosa	Práticas de NB-1 mais: – Acesso limitado – Aviso de risco biológico – Precauções com objetos perfurocortantes – Manual de Biossegurança que defina qualquer descontaminação de dejetos ou normas de vigilância médica	– Barreiras Primárias = Cabines de Classe I ou II ou outros dispositivos de contenção física usados para todas as manipulações de agentes que provoquem aerossóis ou vazamento de materiais infecciosos – Procedimentos Especiais, como o uso de aventais, luvas, proteção para o rostro quando necessário	NB-1 mais: – Autoclave
3	Agentes exóticos com potencial para transmissão via aerossol; a doença pode ter consequências sérias ou até fatais	Práticas de NB-2 mais: – Acesso controlado – Descontaminação de todo o lixo – Descontaminação da roupa usada no laboratório antes de ser lavada – Amostra sorológica	– Barreiras Primárias = Cabines de Classe I ou II ou outros dispositivos de contenção usados para todas as manipulações abertas de agentes – Uso de aventais, luvas, proteção respiratória quando necessária	NB-2 mais: – Separação física dos corredores de acesso – Portas de acesso duplas com fechamento automático – Ar de exaustão não recirculante – Fluxo de ar negativo dentro do laboratório
4	Agentes exóticos ou perigosos que impõem um alto risco de doenças que ameaçam a vida, infecções laboratoriais transmitidas via aerossol ou relacionadas a agentes com risco desconhecido de transmissão	Práticas de NB-3 mais: – Mudança de roupa antes de entrar – Banho de ducha na saída – Todo o material é descontaminado na saída das instalações	Barreiras Primárias = Todos os procedimentos conduzidos em Cabines de Classe III ou Classe I ou II juntamente com macacão de pressão positiva com suprimento de ar	NB-3 mais: – Edifício separado ou área isolada – Sistemas de abastecimento e escape, a vácuo, e de descontaminação – Outros requisitos sublinhados no texto

Fonte: CDC (2000).

VAMOS RECAPITULAR?

Neste capítulo aprendemos os conceitos de perigo e risco, bem como suas divergências e aplicações. Conhecemos os riscos ocupacionais e as principais características de bactérias, vírus e fungos.

Estudamos os principais métodos de controle de micro-organismos, bem como sua origem histórica e terminologia básica.

Aprendemos, ainda, os quatro níveis de Biossegurança aplicados em laboratórios.

AGORA É COM VOCÊ!

1. Descreva três situações práticas que representam perigo, com base no que foi estudado neste capítulo.

2. Selecione três doenças causadas por bactérias. Pesquise e descreva suas principais características de contaminação, prevenção e tratamento.

3. Qual método de controle microbiano abordado neste capítulo você considera mais eficaz? A partir da sua resposta e com a orientação do seu professor, pesquise e relacione três pontos positivos e três pontos negativos desse método.

4. Qual é a finalidade da aplicação dos níveis de Biossegurança em laboratórios?

5. Relacione dez profissionais que você julga mais relevantes para a saúde pública de nosso país.

3 MEDIDAS DE PREVENÇÃO E CONTROLE

PARA COMEÇAR

Estudaremos algumas medidas de prevenção em serviços e procedimentos ligados à saúde, como as atividades de enfermagem, de laboratórios e de procedimentos cirúrgicos, nos atendimentos odontológicos e na segurança alimentar hospitalar, por meio de dispositivos administrativos, coletivos e individuais de proteção. Também, abordaremos a importância do gerenciamento de resíduos de saúde e da aplicação da NR-32 nos serviços da área da Saúde.

3.1 Medidas de prevenção administrativa

As medidas de prevenção têm como finalidade a proteção do trabalhador dos riscos laborais. Quais são os critérios que devem ser seguidos para a adoção dessas medidas?

A primeira medida a ser implementada deve ter como objetivo a orientação e a comunicação. Os trabalhadores passam por um processo de conscientização dos riscos, dos seus direitos adquiridos para o acesso a dispositivos de proteção e também das suas obrigações para o cumprimento das normas de segurança. As medidas administrativas são, portanto, as primeiras iniciativas a serem tomadas, sem as quais não há como delegar direitos e obrigações a serem cumpridos.

São as seguintes:

- ordens de serviços, pareceres e instruções técnicas implantadas;
- restrições impostas pelo empregador na entrada e na saída de locais de risco;
- procedimentos de trabalho e execução de serviços;
- preceitos de Segurança e Saúde no Trabalho (SST).

Apesar de as medidas de prevenção administrativa, coletiva e individual na Segurança do Trabalho serem adotadas de uma forma sequencial preestabelecida, veremos que na Biossegurança a sua integração deve ser total para a eficácia do controle dos riscos com micro-organismos.

3.2 Medidas de prevenção coletiva

Seguindo as diretrizes em Segurança do Trabalho, as medidas de prevenção coletiva devem ser priorizadas em relação às individuais, pois além de proteger um número maior de pessoas, seus procedimentos e dispositivos, quando não eliminam totalmente os riscos, reduzem de maneira significativa sua ocorrência, desde que obedeçam a alguns critérios na sua aplicação, como ser adequados ao risco que será neutralizado, não criar outros tipos de riscos, permitir serviços de manutenção e limpeza e ser resistentes a impactos, corrosões e outros desgastes naturais e de uso.

Em qualquer atividade laboral, as medidas de prevenção coletiva devem ter como objetivos a proteção dos colaboradores internos, mas também de toda a comunidade à sua volta, o que na Biossegurança é essencial, pois os riscos biológicos impõem a dificuldade adicional de não serem visíveis. Nisso reside a importância das barreiras secundárias de contenção dos agentes, sem as quais haveria um perigo enorme nas ocorrências de riscos biológicos, físicos e químicos. Dispositivos para a higienização dos profissionais e instrumentos de trabalho (pias laboratoriais, autoclave), barreiras de contenção conforme o grau de risco biológico, cabines blindadas contra riscos radiológicos (raios X) e dispositivos de emergência para acidentes com produtos químicos (chuveiros, lava-olhos ou duchas) são alguns exemplos para atender a esses objetivos de segurança.

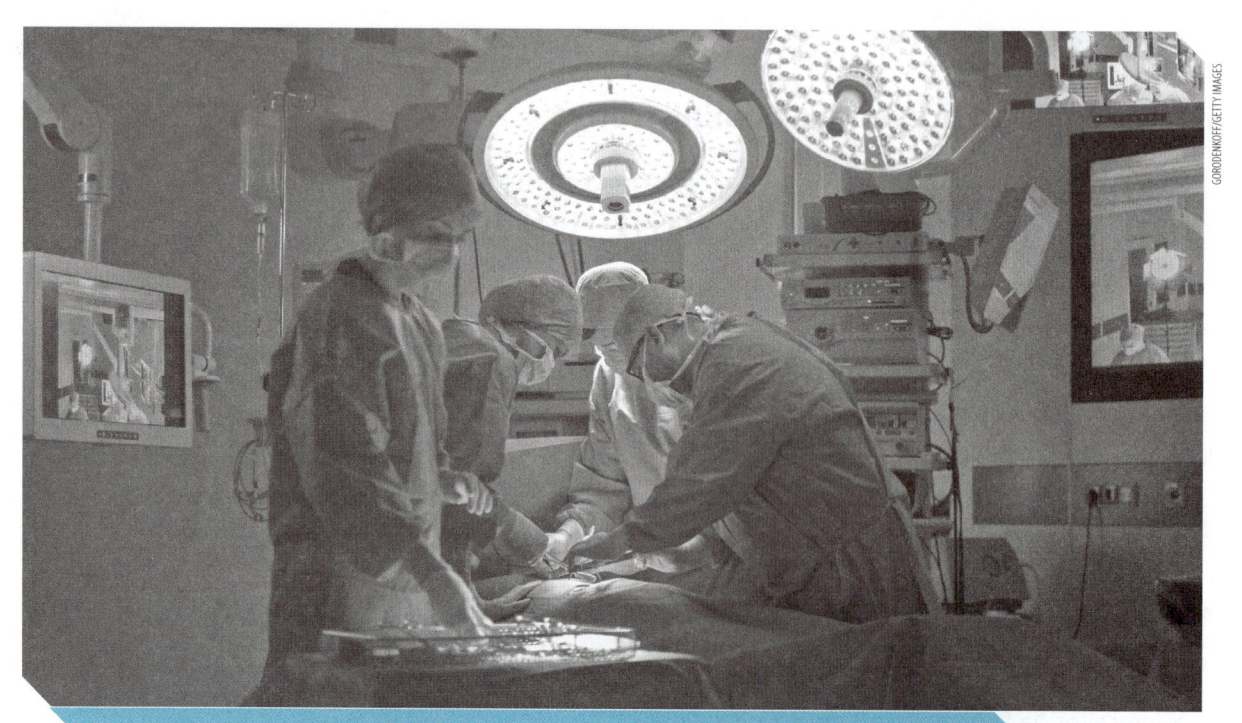

Figura 3.1 – As medidas de prevenção coletiva e individual estabelecem a prevenção mútua de contágio patogênico na relação médico-paciente-médico.

3.3 Medidas de prevenção individual

Em relação aos dispositivos de proteção individuais, a NR-06 disponibiliza, em sua relação oficial, diversos equipamentos de proteção individual (EPIs), que são todo dispositivo de uso individual destinado a proteger a saúde e a integridade física do trabalhador, e, no caso da Biossegurança, a limitar o contato com materiais infectantes. O uso do EPI nas áreas de saúde e laboratorial tem importância ímpar no controle de riscos, pois também visa à contenção dos riscos no ambiente interno; o mais recomendado é a utilização de produtos descartáveis para o controle de micro-organismos (como luvas), ou, em último caso, de um eficiente processo de esterilização, já que, por uma questão de custos, ficaria inviável o descarte de EPIs mais caros em todos os processos de trabalho, a não ser em casos extremamente excepcionais.

Apenas por meio das análises laboratoriais é possível visualizar a ação dos micro-organismos a olho nu; por isso a importância da utilização de luvas e outros EPIs para a devida proteção dos profissionais.

> **FIQUE DE OLHO!**
>
> A vacina também é uma medida de proteção individual e tem como finalidade a imunização para os profissionais da área de Saúde (PAS), com o objetivo de proteger o profissional da transmissão de doenças infectocontagiosas.

O funcionário deve ser devidamente orientado quanto ao uso do EPI para a total eficácia no controle dos riscos, inclusive sob os aspectos de manutenção e limpeza. Deve estar consciente de que a sua adoção não substitui as boas práticas na Biossegurança das atividades. Teoricamente, os princípios em Segurança do Trabalho dizem que, adotadas as medidas de prevenção coletiva, as de prevenção individual devem ser descartadas, já que seus dispositivos tendem, em algumas atividades, à eliminação dos riscos; porém, o profissional em Segurança do Trabalho deve analisar cada caso de forma específica, pois o uso do EPI em áreas de saúde e laboratório também alcança esses objetivos de proteção coletiva, já que tem a finalidade de impedir que os riscos biológicos se dispersem para o lado externo, além de ser legalmente obrigatório em várias atribuições laborais.

Em resumo, nas unidades de saúde, os riscos possuem particularidades, que devem ser avaliadas pelos responsáveis pela Biossegurança das atividades envolvidas em razão dos inúmeros aspectos a serem considerados para a prevenção laboral e da saúde pública, como acidentes, intoxicações, infecções, exposições a radiações e outros que veremos ainda neste capítulo.

A insistência na prática de lavar as mãos não é um capricho desnecessário e irrelevante, e a adoção desse hábito é a primeira medida individual de proteção que não só os profissionais de saúde devem aprender, mas também o cidadão comum, no seu dia a dia.

3.4 Acidentes em laboratório

Assim como em qualquer área profissional, as atividades nas unidades de saúde requerem medidas que resguardem a integridade física de seus funcionários. Nesses locais, acidentes podem ocorrer por falta de análise e controle dos riscos inerentes às atribuições delegadas. Analisando com cuidado, poderemos verificar que, na maioria das atividades profissionais, estão presentes todos os tipos de riscos conhecidos (físicos, químicos, biológicos, ergonômicos e acidentes); a diferença é a graduação, para mais ou para menos, de determinado risco, conforme a atividade. Por exemplo: uma operadora de caixa de supermercado tende a sofrer lesão por esforço repetitivo (LER) em virtude da sua função, o que caracteriza risco ergonômico; porém, a possibilidade mínima de ela cair da cadeira e se machucar ficaria caracterizada como risco de acidente.

Considerando essa lógica, é importante que todos os tipos de risco sejam analisados, para a sua prevenção. Os procedimentos de Biossegurança conseguem alcançar esse objetivo nas unidades de saúde, principalmente para os profissionais de laboratórios.

Em virtude das particularidades da profissão, o funcionário do laboratório está sujeito a todos os riscos citados praticamente na mesma graduação, já que as suas atribuições podem colocar sua integridade física em perigo, em razão de riscos: de acidentes (explosão por manipulação incorreta de produtos químicos), ergonômicos (estresse por excesso de concentração intelectual), químicos (intoxicação por névoas de substâncias tóxicas), físicos (com menor probabilidade, diferentemente das áreas industriais) e biológicos (com grande potencial de ocorrer, principalmente em laboratórios de saúde, onde o manuseio e o contato com micro-organismos são constantes).

Em se tratando de riscos biológicos, existem vários tipos de laboratórios em que pode ocorrer contaminação por agentes patogênicos, como:

- **Laboratório de anatomia:** tem como finalidade o estudo teórico e prático do sistema orgânico, esquelético, bem como de órgãos e sistemas gástrico, renal, cardiovascular, pulmonar, hepático e outros, dos seres vivos.
- **Laboratório de microscopia:** são desenvolvidos estudos de tecidos animais e vegetais, por meio de biologia celular, histologia, parasitologia, patologia e microbiologia.
- **Laboratório de bioquímica:** estudam a química dos seres vivos.
- **Laboratórios de fisiologia, farmacologia e biofísica:** estudam o funcionamento dos organismos dos seres vivos, por meio de experimentação com cobaias.

3.4.1 Riscos biológicos laboratoriais

As principais causas de acidentes em laboratórios, como na maioria das atividades profissionais, são decorrentes da falta (ou do não cumprimento) de procedimentos de segurança, da não utilização de barreiras de proteção (EPIs e EPCs) e desconhecimentos dos riscos. Assim como na maioria das atividades nas unidades de saúde, nos laboratórios o perigo é a contaminação biológica dos profissionais por doenças infecciosas. As principais doenças que podem ser transmitidas são por meio de agentes virais, de materiais perfurocortantes, das vias áreas (inalação) e transmissão cutânea.

As principais doenças infecciosas e as medidas corretivas para evitar o seu desenvolvimento são:

- **Infecção por HIV (Aids):** após contato com o material infectante (geralmente por instrumento perfurocortante), deve haver acompanhamento sorológico do acidentado e, se comprovado o contato com o sangue contaminado, deve-se entrar com administração de drogas antirretrovirais.

- **Vírus da hepatite B-HBV e Vírus da hepatite C-HCV:** a medida profilática mais adotada é o uso de vacinas específicas ou imunoglobulina como prevenção em caso de acidentes, principalmente com materiais perfurocortantes.
- ***Mycobacterium tuberculosis* (tuberculose):** setores de broncoscopia, inaloterapia ou clínica de pneumologia são os locais mais propícios para o contágio; é recomendada a aplicação da vacina BCG aos profissionais envolvidos nessas áreas.

Como o leitor pode ter observado, os acidentes em razão de materiais perfurocortantes podem ocorrer em vários tipos de unidade de saúde; no caso dos laboratórios, os riscos são maiores em razão de os profissionais terem contato direto com os agentes transmissores (sangue, urina, fezes, escarros). No caso específico de acidente cutâneo, as principais condutas a serem adotadas são:

1. Separar os materiais/instrumentos perfurocortantes contaminados (agulhas, tesouras, bisturis).
2. Lavar imediatamente o local da exposição. Membranas, mucosas e pele devem ser lavadas com água corrente em abundância, soro fisiológico ou água boricada, repetindo-se a operação várias vezes.
3. Abrir o CAT, ou seja, notificar o acidente ao responsável pelo setor (ou ao hospital, se couber) para análise das causas do acidente, por meio do responsável pela área de Medicina do Trabalho.
4. Lavar os materiais perfurocortantes contaminados (agulhas, tesouras, bisturis) com água e sabão ou uma solução antisséptica detergente.

Como os outros setores das unidades de saúde devem se portar? Quais são as medidas de prevenção a serem adotadas? Abordaremos nos próximos subtítulos.

3.5 Biossegurança na Enfermagem

A biossegurança na Enfermagem tem como finalidade manter um ambiente biologicamente seguro para os enfermeiros, os pacientes, os acompanhantes e outros colaboradores. O setor de Enfermagem é muito importante nas unidades de saúde, pois auxilia o médico no pré-atendimento dos pacientes, fornecendo ao profissional informações preliminares ou as primeiras impressões sobre o estado geral do paciente, além de efetuar a medicação prescrita e os curativos, bem como auxiliar em casos de emergência.

Seja no ambiente hospitalar, seja em unidades de pronto-socorro, o profissional de Enfermagem está sujeito a vários agentes biológicos, principalmente pelo contato direto no manuseio de sangue, dejetos, líquidos e fluidos corporais dos pacientes, sendo necessário que o especialista esteja devidamente treinado e habilitado para oferecer um atendimento-padrão e, ao mesmo tempo, resguardar a sua segurança física, ou seja, tomar as precauções-padrão. Precauções-padrão são medidas adotadas pelos profissionais de saúde, independentemente da doença diagnosticada, nas quais o enfermeiro deve manter uma postura responsável quanto aos procedimentos de biossegurança, a fim de não se infectar nem ser uma fonte de contaminação por doenças como hepatites B e C, Aids, sífilis, tuberculose e doenças respiratórias.

A biossegurança na Enfermagem antecede o início das atividades. O profissional deve tomar as seguintes providências antes de assumir o seu turno:

- o uniforme do profissional deve estar sempre limpo;
- se tiver lesões de pele, estas devem ser protegidas antes de entrar na unidade;
- adornos devem ser removidos antes da lavagem das mãos;
- os cabelos devem estar limpos e presos, e as unhas, curtas e devidamente limpas.

Assim como em outras unidades de saúde, na higienização das mãos devem ser utilizadas as técnicas clínicas de lavagem para esse fim, inclusive antes da colocação das luvas, que servem para a prevenção do contato das mãos com sangue, secreções ou mucosas ao manipular os instrumentos laborais e ao contato físico com pele não íntegra. O par de luvas deve ser exclusivo para cada paciente e deve ser descartado após o atendimento.

Um item de proteção individual necessário são as máscaras, usadas no contato direto com o paciente e no preparo de medicamentos; sua adoção tem como finalidade atender pacientes com anormalidades respiratórias e doenças infecciosas, como meningite, pneumonia, rubéola, caxumba etc.

Outras barreiras de proteção individual que podemos destacar são:

- **Protetores oculares:** para proteger a mucosa ocular de contaminações e acidentes ocupacionais.
- **Avental:** quando houver risco de exposição da roupa ou do uniforme a sangue, fluidos corpóreos, secreções etc.
- **Gorro:** para a proteção contra gotículas de saliva, aerossóis e respingos de sangue contaminado.
- **Pró-pés:** para serem usados nas unidades em que a rotina do local recomenda.

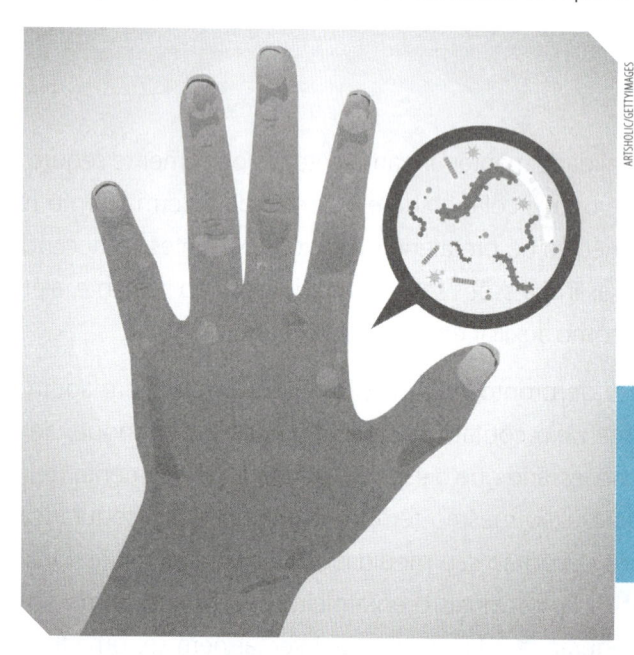

Figura 3.2 – Corte e limpeza das unhas têm objetivos que vão além da estética: as pontas dos dedos, as unhas, a boca e os olhos são as principais entradas para os microorganismos nas unidades de saúde.

Há também princípios básicos que devem ser usados no setor de Enfermagem, principalmente, pelo constante uso de materiais perfurocortantes (seringas, agulhas, tesouras etc.), sendo as agulhas aquelas que mais causam acidentes. Devem ser adotadas medidas adequadas quanto ao descarte desses materiais, de acordo com as diretrizes da NR-32: Segurança e Saúde no Trabalho em Serviços de Saúde (BRASIL, 2005b), além da gestão dos demais resíduos sólidos contaminados.

3.6 Biossegurança em atividades odontológicas

As práticas de biossegurança em atividades odontológicas abrangem um conjunto de medidas que visam à prevenção de diversos riscos ocupacionais, principalmente por doenças infecciosas e aspectos ergonômicos da profissão. Além dos riscos decorrentes de serviços prestados rotineiramente, como extração ou limpeza na arcada dentária, operações de maior complexidade são executadas nos pacientes e exigem procedimento operacional-padrão para a realização de cirurgias locais, em que se deve atentar aos riscos de contaminação patogênica do cirurgião-dentista e de sua equipe por micro-organismos.

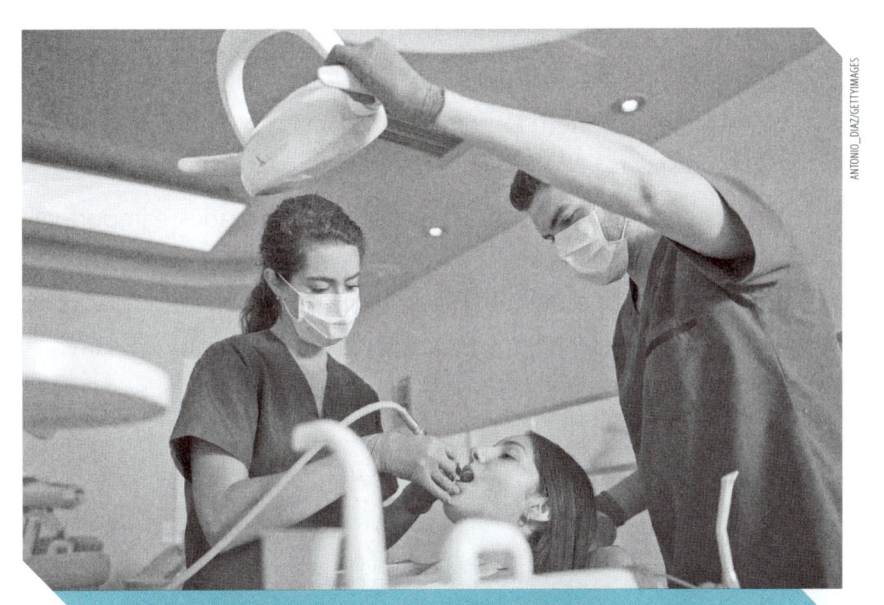

Figura 3.3 – Máscaras e luvas são exemplos de práticas de biossegurança em atividades odontológicas.

De acordo com o *Boletim do Conselho Nacional de Saúde* (BRASIL, 1998), a classificação dos micro-organismos segue uma graduação de grupo de riscos de 1 a 4:

- **Grupo 1 (baixo risco individual e coletivo):** são micro-organismos que não constituem riscos relevantes de transmissão de doenças para o homem, nem representam riscos para o meio ambiente.
- **Grupo 2 (risco individual moderado e risco coletivo limitado):** são micro-organismos que podem provocar doenças no homem, mas com pouca probabilidade de alto risco para os profissionais.
- **Grupo 3 (risco individual elevado e risco coletivo baixo):** são micro-organismos que podem causar doenças graves aos profissionais, como a tuberculose, o HIV e as hepatites B e C.
- **Grupo 4:** são micro-organismos que podem causar doenças para o homem e representar sérios riscos aos profissionais e à comunidade em geral; são altamente infecciosos, disseminam-se facilmente e podem ocasionar a morte, como o vírus Ebola.

Há ainda outros tipos de riscos que devem ser sanados e, em virtude das peculiaridades da profissão, podem ocasionar acidentes, desconforto e desconcentração no trabalho, o que, por sua vez, pode influenciar a qualidade dos serviços prestados, causar desatenção aos procedimentos de segurança e, consequentemente, expor o profissional aos agentes patogênicos, como os riscos ergonômicos dos trabalhos biomecânicos (levantamento de peso, má postura, movimentos repetitivos) e os riscos físicos, como os ruídos intermitentes causados pelos instrumentos cirúrgicos de periodontia.

As fontes responsáveis pela contaminação biológica são as superfícies fixas do setor, os instrumentos de trabalho, os procedimentos operacionais incorretos, os pacientes e os próprios profissionais. Em relação aos aspectos instrumentais, eles são classificados da seguinte maneira:

- **Críticos:** são os instrumentos que penetram nos tecidos, atingindo o sistema vascular (pinças, instrumentos de corte e pontas, instrumental cirúrgico de periodontia, agulhas).
- **Semicríticos:** são os instrumentos que entram em contato com saliva, tecido humano, secreções e sangue visível ou não (afastadores, moldeiras, brocas).
- **Não críticos:** são os instrumentos que não entram em contato com o paciente (telefone, armários, refletores, comandos da cadeira etc.).

Antes dos procedimentos operatórios e de outros relacionados às atividades, é importante que se conheça a história pregressa dos pacientes (mediante anamnese), para a obtenção de informações importantes que, de alguma forma, possam acrescentar nos aspectos de segurança do paciente dos profissionais, como hábitos cotidianos, medicação controlada, doenças adquiridas e outras situações que possam ocasionar, inclusive a ineficácia do atendimento operacional.

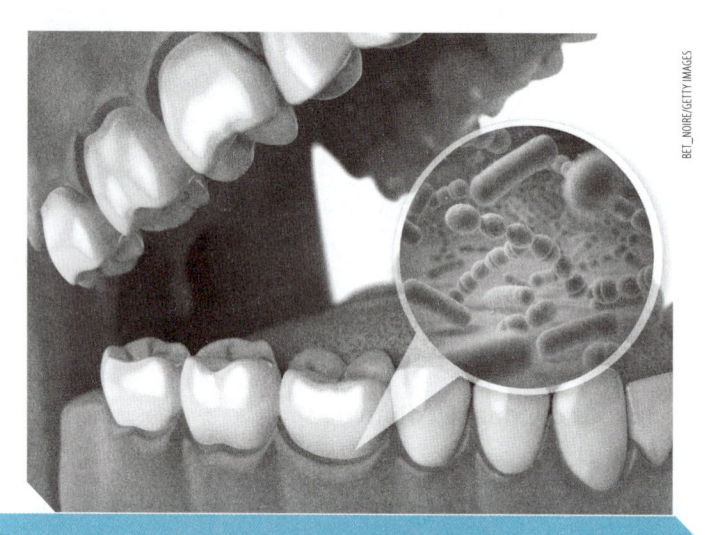

Figura 3.4 – Os micro-organismos bacterianos que se alojam nos dentes e nas cavidades bucais são os principais agentes biológicos nos consultórios odontológicos e têm como saída justamente o principal local de trabalho: a boca do paciente.

As medidas individuais adotadas pelos profissionais de Odontologia não fogem aos implementados nas várias áreas da saúde, que são a utilização de EPIs e a adoção das práticas universais de biossegurança, como:

- lavagem e antissepsia das mãos de forma correta, mesmo com a utilização de luvas;
- gorro para a prevenção de contaminação dos cabelos por micro-organismos, matéria orgânica e fragmentos expelidos pela boca (aerossóis);
- jaleco e avental protetor uniforme para procedimentos não invasivos;
- luvas para reduzir a exposição a sangue, fluidos corpóreos, produtos químicos e outros riscos;

- máscara para proteger as vias aéreas superiores, tanto do profissional quanto do paciente, de aerossóis;
- visor facial para o trabalho do cirurgião-dentista e da equipe, na prevenção de exposição a matéria orgânica, fragmentos de materiais restauradores, raspagens periodontais, profilaxia, ligas, gotículas de produtos químicos etc.;
- pró-pé ou sapatilhas para a utilização como calçado em ambientes cirúrgicos.

Há também de se ter cuidados necessários na adoção de medidas na preparação do paciente, principalmente, em processos cirúrgicos, como realizar exames pré-operatórios, preparar a boca com escovação, bochechos e medidas profiláticas, degermação da face e fornecimento de EPIs para os pacientes (gorro, óculos de proteção, avental e pro-pé).

3.7 Biossegurança em procedimentos cirúrgicos

Quais são as diferenças nos procedimentos cirúrgicos do médico-cirurgião e do cirurgião-dentista?

Apesar das aparentes semelhanças nos procedimentos de prevenção, o profissional de Medicina está em exposição muito maior a riscos biológicos, pois os procedimentos em sua atividade são inúmeros, já que, além dos riscos decorrentes dos serviços odontológicos, há a probabilidade de contaminação com outras fontes de transmissão dos micro-organismos dos pacientes, como fluidos, secreções orgânicas, peles, dejetos animais etc. O grau de contágio é tão grande que o *Código de Ética Médica*, em seu Capítulo II, inciso IV, estabelece a prerrogativa de o médico recusar-se a exercer a sua profissão em condições adversas de trabalho que possam prejudicar o paciente e em que não possa trabalhar dignamente (BRASIL, 2009a).

Com a responsabilidade de também zelar pela segurança do paciente e de sua equipe, o médico deve empenhar-se na melhoria dos serviços prestados, devendo adotar os procedimentos fundamentais para a prevenção de contaminação entre ele o paciente, e vice-versa, a saber:

- **Cuidados gerais:** lavagem das mãos, antissepsia e utilização de EPIs.
- **Cuidados específicos:** controle e esterilização do material, uso de antimicrobianos e profilaxia para acidentes.

A lavagem das mãos é de suma importância para a prevenção de riscos infecciosos, pois, além de proteger o profissional e a sua equipe, institui um vínculo de confiança entre o paciente e o médico, já que o paciente, estando saudável e ao encargo do profissional para uma patologia de menor gravidade, pode estar sujeito a complicações bem maiores (infecção hospitalar), decorrentes da situação clínica e a ela consequentes, em razão da falta de boas práticas de higienização corporal e instrumental. Portanto, o médico deve sempre lavar as mãos, utilizando água, sabão ou detergentes específicos, antes e depois do atendimento de cada paciente, não se esquecendo de manter outros itens importantes de asseio e cuidado, como aparar as unhas, retirar anéis e similares, remover esmaltes e evitar contato com possíveis lesões na pele do paciente, se houver.

> **FIQUE DE OLHO!**
> Os procedimentos cirúrgicos são altamente arriscados para os profissionais em virtude da evasão de instrumentos e até dos membros superiores (mãos e antebraços) nos locais de possível contágio.

Os dispositivos individuais de proteção devem proporcionar conforto e agilidade às atribuições médicas, bem como ser constituídos de materiais impermeáveis a micro-organismos e flexíveis, além de ter outras características que confiram durabilidade e segurança aos atos cirúrgicos. Dentre os principais EPIs, são itens obrigatórios, de acordo com as normas vigentes:

- **Gorros:** para a proteção contra o desprendimento de partículas biológicas (descamação da pele, queda de cabelos e barbas).
- **Máscaras:** na prevenção à passagem de bactérias nasais e orais, sendo recomendada a troca entre uma cirurgia e outra.
- **Pro-pés:** podem ser reutilizáveis ou, de preferência, descartáveis, sendo usadas para a proteção do risco de contaminação dos membros inferiores (pés) por sangue e fluidos orgânicos.
- **Aventais:** para a cobertura do pescoço até abaixo dos joelhos; devem ser impermeáveis e têm a finalidade de proteger todo o corpo na exposição e na manipulação de grande volume de sangue e fluídos orgânicos.
- **Luvas:** EPI clássico para a proteção das mãos, as luvas podem ser de látex ou borracha sintética, e devem se observados furos e rasgos no material.
- **Óculos:** com proteção para a parte lateral do globo ocular, devem possibilitar boa visão periférica e não embaçar facilmente.
- **Capotes (aventais):** utilizados principalmente em procedimentos de realização de curativos de grande porte.

Figura 3.5 – A esterilização deve ser feita com calma e atenção, para que instrumentos perfurocortantes não causem lesões no profissional durante o procedimento.

> **FIQUE DE OLHO!**
>
> O uso dos óculos de proteção será recomendado somente se houver riscos de respingo ou para aplicação de medicamentos quimioterápicos.
>
> Quando necessário, deve ser utilizado o gorro tipo capuz, para proteção de barbas longas, expondo apenas os olhos.

Para a esterilização dos materiais instrumentais, devem-se observar os critérios técnicos e utilizar os produtos adequados para a destruição de micro-organismos (bactérias, fungos, vírus), por meio de agentes físicos e biológicos, como autoclaves e antimicrobianos, respectivamente. Os profissionais responsáveis pela biossegurança devem ficar atentos aos avanços tecnológicos dos materiais instrumentais da classe, como melhorias que visem ao aumento da prevenção biológica, por exemplo, luvas, agulhas, equipamentos e atualização de procedimentos e normas.

3.8 Segurança alimentar hospitalar

Comer bem em estabelecimentos da saúde, além de ser uma atividade que deve proporcionar bem-estar e prazer ao paciente, exige dos profissionais considerar os aspectos de segurança alimentar, para atender às exigências mínimas no fornecimento adequado de nutrientes selecionados e manipulados. Portanto, a contaminação física, química ou microbiológica deve ser avaliada.

As principais providências a serem tomadas para uma nutrição hospitalar saudável e segura devem atender aos seguintes requisitos básicos:

- cozinhar, reaquecer e guardar os alimentos de acordo com os critérios de tempo e temperatura;
- não guardar juntos ou, pelo menos, evitar o contato entre os alimentos crus e os cozidos;
- higienizar e desinfetar corretamente superfícies, equipamentos, utensílios e manipuladores;
- ter cuidados no asseio dos alimentos, mantendo-os fora do alcance de insetos, roedores e outros animais;
- utilizar água potável e escolher produtos de boa qualidade.

Essas medidas têm como finalidade a prevenção de riscos de contaminação em alimentos *in natura*, que, se não devidamente manipulados, armazenados e preparados, servirão de entrada para agentes infecciosos, toxicogênicos e vetores disseminadores de doenças, que podem expor os pacientes a graves riscos patogênicos.

Além do nutricionista, o médico, o enfermeiro e o farmacêutico são responsáveis pela terapia nutricional do paciente hospitalar, desde que habilitados e com treinamento específico para essa finalidade. Depois de avaliadas as necessidades dos pacientes nos aspectos nutricionais e medicinais da dieta, alguns requisitos devem ser implantados para o preparo da alimentação, por exemplo:

- o pessoal deve ser treinado pelo nutricionista quanto a aspectos importantes, como higiene pessoal e uso de vestimentas adequadas e asseadas;
- o ambiente de preparo deve ser projetado de acordo com as exigências da Vigilância Sanitária, observando climatização, revestimentos, pisos e impermeabilização;

- utensílios e equipamentos devem ser de fácil higienização e usados somente no preparo da nutrição enteral;
- devem ser estabelecidos programas e procedimentos operacionais de limpeza e sanitização de áreas, instalações, equipamentos, utensílios e materiais, a serem supervisionados pelo nutricionista, e todos os procedimentos devem estar em consonância com normas e legislação específicas em vigor.

Em relação à administração da dieta, complicações gastrointestinais (diarreia, vômitos, refluxos, flatulência) são também objeto de responsabilidade dos profissionais envolvidos na alimentação hospitalar, assim como o posicionamento do leito, para a excelência da qualidade terapêutica.

Figura 3.6 – Além do correto manejo dos alimentos, a esterilização de pratos, talheres e outros é necessária para a prevenção de infecções na alimentação de pacientes que necessitam de uma rigorosa dieta em seu tratamento terapêutico.

3.9 Gerenciamento de resíduos da saúde

O gerenciamento de resíduos da saúde é uma das etapas mais relevantes para o bem-estar social.

> De acordo com a RDC ANVISA nº 306/04 e a Resolução CONAMA nº 358/2005, [os Resíduos dos Serviços de Saúde (RSS)] são definidos como geradores de todos os serviços relacionados com o atendimento à saúde humana ou animal, inclusive os serviços de assistência domiciliar e de trabalhos de campo; laboratórios analíticos de produtos para a saúde; necrotérios, funerárias e serviços onde se realizem atividades de embalsamamento, serviços de medicina legal, drogarias e farmácias inclusive as de manipulação; estabelecimentos de ensino e pesquisa na área da saúde; centros de controle de zoonoses; distribuidores de produtos farmacêuticos, importadores, distribuidores e produtores de materiais e controles para diagnóstico *in vitro*; unidades móveis de atendimento à saúde; serviços de acupuntura, serviços de tatuagem, dentre outros similares. (BRASIL, 2006b, p. 28)

3.9.1 Classificação dos resíduos dos serviços de saúde

A classificação dos resíduos dos serviços de saúde (RSS) pode ser considerada uma das etapas mais relevantes quando se almejam bem-estar social e saúde humana. Preservar a natureza, a integridade física dos seres humanos e garantir uma saúde de qualidade, que previna novos males a população costumeira, devem ser uma de suas prioridades essenciais.

Segundo a Anvisa (BRASIL, 2006b):

> De acordo com a RDC ANVISA nº 306/2004 e Resolução CONAMA nº 358/2005, os RSS são classificados em cinco grupos: A, B, C, D e E.

- **Grupo A:** engloba os componentes com possível presença de agentes biológicos que, por suas características de maior virulência ou concentração, podem apresentar risco de infecção. Exemplos: placas e lâminas de laboratório, carcaças, peças anatômicas (membros), tecidos, bolsas transfusionais contendo sangue, dentre outras.
- **Grupo B:** contém substâncias químicas que podem apresentar risco à saúde pública ou ao meio ambiente, dependendo de suas características de inflamabilidade, corrosividade, reatividade e toxicidade. Exemplos: medicamentos apreendidos, reagentes de laboratório, resíduos contendo metais pesados, dentre outros.
- **Grupo C:** quaisquer materiais resultantes de atividades humanas que contenham radionuclídeos em quantidades superiores aos limites de eliminação especificados nas normas da Comissão Nacional de Energia Nuclear (CNEN), por exemplo, serviços de medicina nuclear e radioterapia etc.
- **Grupo D:** não apresentam risco biológico, químico ou radiológico à saúde ou ao meio ambiente, podendo ser equiparados aos resíduos domiciliares. Exemplos: sobras de alimentos e do preparo de alimentos, resíduos das áreas administrativas etc.
- **Grupo E:** materiais perfurocortantes ou escarificantes, como lâminas de barbear, agulhas, ampolas de vidro, pontas diamantadas, lâminas de bisturi, lancetas, espátulas e outros similares. (BRASIL, 2006b, p. 28-29)

3.10 NR-32 – Segurança e saúde no trabalho em serviços de saúde

Norma Regulamentadora do MTE criada pela Portaria GM nº 3.214, de 8 de junho de 1978. Estabelece diretrizes básicas para qualquer edificação destinada à prestação de assistência à saúde da população e a todas as ações de promoção, recuperação, assistência, pesquisa e ensino em saúde, visando à implementação de medidas de prevenção aos profissionais, com medidas de controle, programa de prevenção e EPIs adequados, garantindo toda a condição de segurança, proteção e prevenção aos trabalhadores. Dispõe também sobre as responsabilidades entre contratante e contratado quanto ao seu cumprimento.

FIQUE DE OLHO!

Considerando os objetivos desta obra, foram abordados neste item apenas os objetivos da NR-32. Porém, ela pode ser consultada na íntegra no site do Ministério do Trabalho, disponível em: <http://trabalho.gov.br/images/Documentos/SST/NR/NR32.pdf>. Acesso em: 18 jan. 2020.

AMPLIE SEUS CONHECIMENTOS

O vírus Ebola

O vírus Ebola foi "descoberto" em 1976 no Zaire (atual Congo), sendo o causador de uma das doenças virais mais temidas de todos os tempos, em razão da agressividade de seus sintomas, da velocidade de progressão e da alta letalidade, com índices assustadores de mais de 90% de mortes nas pessoas infectadas. Assim como o HIV, suas principais características são a destruição de células sadias e a queda vertiginosa da imunidade da vítima, que, depois de infectada, pode morrer dentro de 2 a 20 dias.

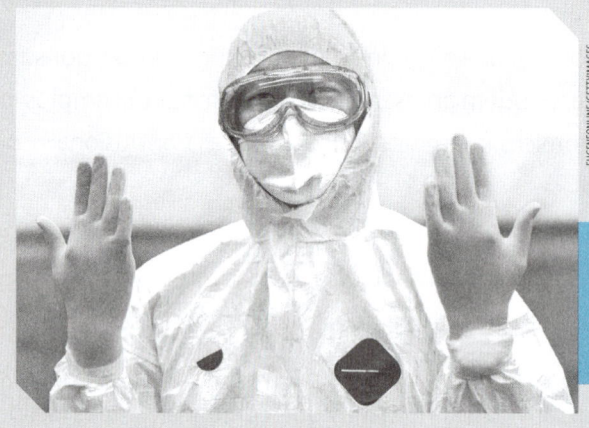

Figura 3.7 – Preocupação dos profissionais com a segurança pessoal: gorros, luvas, pro-pés, aventais e tudo o que era possível para se protegerem do vírus mortal Ebola.

Para se ter uma noção do impacto da doença e de como esta mobilizou a comunidade internacional para a sua prevenção e a busca de medidas para deter as epidemias que se alastraram naquela região da África, assista ao filme *Outbreak* (1995), com Dustin Hoffman, Morgan Freeman, Rene Russo, Kevin Spacey e Cuba Gooding Jr.

VAMOS RECAPITULAR?

Neste capítulo foram abordados os diversos tipos de medidas e dispositivos de proteção administrativa, coletiva e individual para a prevenção de riscos biológicos; os diversos riscos característicos dos ambientes laboratoriais, odontológicos, cirúrgicos e de Enfermagem, além dos cuidados de biossegurança a serem inseridos na administração alimentar dos pacientes hospitalares. Viu-se ainda a questão do gerenciamento dos resíduos da saúde e a NR-32.

AGORA É COM VOCÊ!

1. Quando vai ao consultório odontológico, você fica atento às medidas de biossegurança que os profissionais são obrigados a realizar? Quais procedimentos você mais observa?

2. A segurança alimentar deve estar presente também em nossa rotina diária. Relacione pontos que você achou que deveria adotar para a prevenção de riscos biológicos em sua alimentação, explicando os motivos.

3. Trabalho em grupo: escolha uma atividade de saúde do livro e faça um relatório descrevendo todas as etapas, de forma sequencial, que devem ser seguidas para a prática da biossegurança.

4

LIMPEZA, DESINFECÇÃO E ESTERILIZAÇÃO

PARA COMEÇAR

Este capítulo explicará os conceitos mais relevantes sobre limpeza, desinfecção e esterilização. Aprenderemos, técnicas de higienização das mãos, limpeza de produtos e superfícies, princípios básicos da limpeza, métodos de desinfecção e esterilização, entre outros aspectos relevantes.

4.1 Lavagem e higienização das mãos

Uma das grandes dificuldades que afetam a Medicina é a prevenção e o controle das infecções relacionadas à assistência à saúde. Desde 1846, uma simples medida, como a higienização apropriada das mãos, é considerada a mais importante para reduzir a transmissão de infecções nos serviços de saúde (CDC, 2002; LARSON, 2001). Foi neste ano que o médico húngaro Ignaz Philip Semmelweis (1818-1865) conseguiu comprovar a íntima relação da febre puerperal com os cuidados médicos. Ele percebeu que os médicos que iam diretamente da sala de autópsia para a de obstetrícia tinham odor desagradável nas mãos.

Depois disso, Semmelweis pressupôs que a febre puerperal que afetava tantas parturientes fosse causada por partículas cadavéricas transmitidas da sala de autópsia para a ala obstétrica por meio das mãos de estudantes e médicos. Em maio de 1847, ele insistiu que estudantes e médicos lavassem suas mãos com solução clorada após as autópsias e antes de examinar as pacientes da clínica obstétrica (TRAMPUZ; WIDMER, 2004). No mês seguinte a essa intervenção, a taxa de mortalidade caiu de 12,2% para 1,2% (MACDONALD, 2004).

Após a observação desse estudo, Semmelweis comprovou claramente que a higienização correta das mãos podia prevenir infecções puerperais e evitar mortes maternas (SEMMELWEIS, 1988).

4.1.1 Higienização das mãos

Uma das medidas mais simples e relevantes para a prevenção e o controle de infecções nos serviços de saúde, incluindo aquelas decorrentes da transmissão cruzada de micro-organismos multirresistentes, é a higienização das mãos.

A higienização correta das mãos é reconhecida em todo o mundo como uma medida primária, porém muito eficaz no controle de infecções relacionadas à assistência à saúde.

Essa técnica, segundo a Anvisa (BRASIL, 2007):

> [...] É a medida individual mais simples e menos dispendiosa para prevenir a propagação das infecções relacionadas à assistência à saúde. Recentemente, o termo "lavagem das mãos" foi substituído por "higienização das mãos" devido à maior abrangência deste procedimento. (BRASIL, 2007, p. 11)

O procedimento de higienizar as mãos engloba quatro técnicas muito conhecidas: higienização simples, higienização antisséptica, fricção antisséptica e a antissepsia cirúrgica das mãos.

FIQUE DE OLHO!

É interessante observar que, antes de proceder a qualquer uma dessas técnicas, é imprescindível retirar joias e adornos pessoais, como anéis, pulseiras, relógios etc., tendo em vista que tais objetos são "traidores", pois podem acumular micro-organismos "terríveis" sob sua superfície.

A eficácia da higienização das mãos está muito relacionada com o tempo de duração e a técnica utilizada.

4.1.1.1 Higienização simples das mãos

A higienização simples das mãos tem por objetivo remover os micro-organismos que colonizam as camadas superficiais da pele, assim como as células mortas, o suor, a oleosidade etc. Remove a sujidade propícia à permanência e à proliferação de micro-organismos.

Esse método de higienização possui duração aproximada de 40 a 60 segundos e, de forma prática, consiste nas seguintes etapas (BRASIL, 2007, p. 29-35):

- Abrir a torneira e molhar as mãos, evitando encostar-se à pia.
- Aplicar na palma da mão quantidade suficiente de sabão líquido para cobrir todas as superfícies das mãos (seguir a quantidade recomendada pelo fabricante).
- Ensaboar as palmas das mãos, friccionando-as entre si.
- Esfregar a palma da mão direita contra o dorso da mão esquerda, entrelaçando os dedos e vice-versa.
- Entrelaçar os dedos e friccionar os espaços interdigitais.
- Esfregar o dorso dos dedos de uma mão com a palma da mão oposta, segurando os dedos, com movimento de vai e vem, e vice-versa.

- Esfregar o polegar direito, com o auxílio da palma da mão esquerda, realizando movimento circular, e vice-versa.
- Friccionar as polpas digitais e unhas da mão esquerda contra a palma da mão direita, fechada em concha, fazendo movimento circular, e vice-versa.
- Esfregar o punho esquerdo, com o auxílio da palma da mão direita, utilizando movimento circular, e vice-versa.
- Enxaguar as mãos, retirando os resíduos de sabão. Evitar contato direto das mãos ensaboadas com a torneira.
- Secar as mãos com papel-toalha descartável, iniciando pelas mãos e seguindo pelos punhos. Desprezar o papel-toalha na lixeira para resíduos comuns.

FIQUE DE OLHO!

Se por acaso o fechamento das torneiras for por contato manual, utilize sempre papel-toalha para fechá-las. Isso evita uma nova contaminação.

Nos serviços de saúde, recomenda-se que o sabão seja agradável ao uso, possua fragrância leve e não resseque a pele, à base líquida (sabão líquido), tipo refil, devido ao menor risco de contaminação do produto, conforme Resolução Anvisa nº 481, de 23 de setembro de 1999 (BRASIL, 2007).

4.1.1.2 Higienização antisséptica das mãos

A higienização antisséptica das mãos tem por objetivo promover a remoção de sujidades (óleos, suor, sangue etc.) e de micro-organismos (fungos e bactérias, por exemplo), diminuindo a carga microbiana das mãos com o uso de um antisséptico (BRASIL, 2007).

É uma técnica simples de higienização, com duração aproximada de 40 a 60 segundos, semelhante àquela utilizada para higienização simples das mãos, porém com a substituição do sabão por um antisséptico, por exemplo, o antisséptico degermante.

4.1.1.3 Fricção antisséptica das mãos

A fricção antisséptica das mãos (com preparações alcoólicas) tem por objetivo diminuir a carga microbiana das mãos, sem a remoção de sujidades, ou seja, quando as mãos não estiverem visivelmente sujas, a utilização de gel alcoólico a 70% ou de solução alcoólica a 70% com 1% a 3% de glicerina pode substituir a higienização com água e sabão.

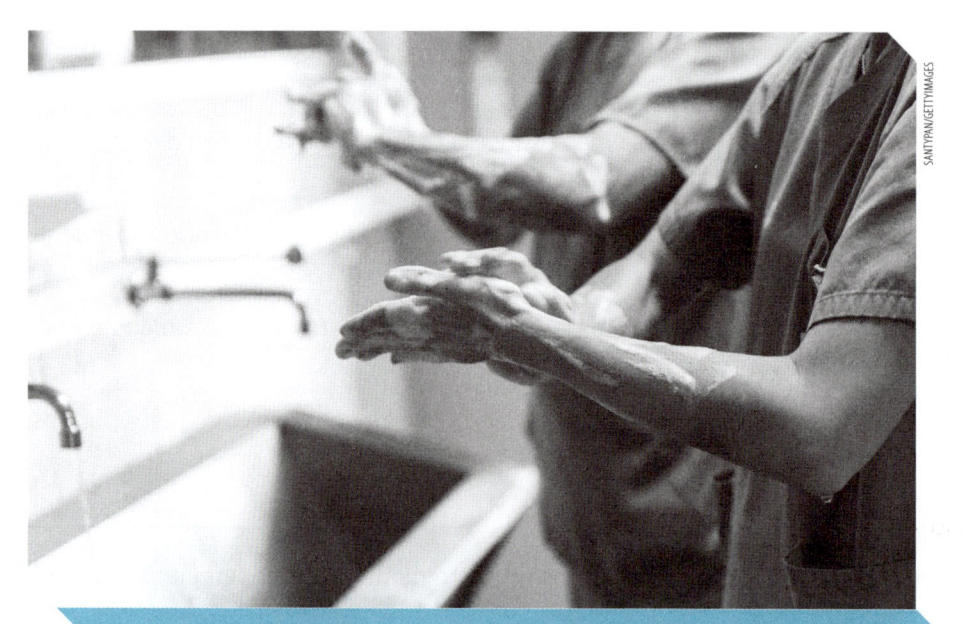

Figura 4.1 – A lavagem correta e constante das mãos salva vidas em ambientes de saúde; além de ser uma obrigação legal, é um gesto humano.

Esse método de higienização possui duração aproximada de 20 a 30 segundos e, de forma prática, consiste nas seguintes etapas (BRASIL, 2007, p. 38-39):

- Aplicar na palma da mão quantidade suficiente do produto para cobrir todas as superfícies das mãos (seguir a quantidade recomendada pelo fabricante).
- Friccionar as palmas das mãos entre si.
- Friccionar a palma da mão direita contra o dorso da mão esquerda entrelaçando os dedos, e vice-versa.
- Friccionar a palma das mãos entre si com os dedos entrelaçados.
- Friccionar o dorso dos dedos de uma mão com a palma da mão oposta, segurando os dedos, e vice-versa.
- Friccionar o polegar esquerdo, com o auxílio da palma da mão direita, realizando movimento circular, e vice-versa.
- Friccionar as polpas digitais e unhas da mão direita contra a palma da mão esquerda, fazendo um movimento circular, e vice-versa.
- Friccionar os punhos com movimentos circulares.
- Friccionar até secar. Não utilizar papel-toalha.

> **FIQUE DE OLHO!**
> Jamais higienize as mãos com água e sabão imediatamente antes ou depois de usar uma preparação alcoólica. Isso evita ressecamentos e dermatites.

4.1.1.4 Antissepsia cirúrgica das mãos

A antissepsia cirúrgica (preparo pré-operatório) das mãos tem como objetivo eliminar a microbiota transitória da pele e reduzir a microbiota residente, além de proporcionar efeito residual na pele do profissional de saúde.

No preparo cirúrgico das mãos, as escovas utilizadas devem ser de cerdas macias e descartáveis, impregnadas ou não de antisséptico e de uso exclusivo no leito ungueal e no subungueal.

Para que esse procedimento seja eficaz, recomenda-se fazer a antissepsia cirúrgica das mãos e dos antebraços com antisséptico degermante.

Com duração aproximada de 3 a 5 minutos para a primeira cirurgia e de 2 a 3 minutos para as cirurgias subsequentes (sempre seguir o tempo de duração recomendado pelo fabricante), realizar as seguintes etapas (BRASIL, 2007, p. 41-46):

- Abrir a torneira, molhar as mãos, antebraços e cotovelos.
- Recolher, com as mãos em concha, o antisséptico e espalhar nas mãos, no antebraço e no cotovelo. No caso de escova impregnada com antisséptico, pressione a parte da esponja contra a pele e espalhe por todas as partes.
- Limpar sob as unhas com as cerdas da escova ou com limpador de unhas.
- Friccionar as mãos, observando espaços interdigitais e antebraço por, no mínimo, 3 a 5 minutos, mantendo as mãos acima dos cotovelos.
- Enxaguar as mãos em água corrente, no sentido das mãos para cotovelos, retirando todo resíduo do produto. Fechar a torneira com cotovelo, joelho ou pés, se a torneira não possuir fotossensor.
- Enxugar as mãos em toalhas ou compressas estéreis, com movimentos compressivos, iniciando pelas mãos e seguindo pelo antebraço e cotovelo, atentando para utilizar as diferentes dobras da toalha/compressa para regiões distintas.

4.2 Limpeza de produtos e superfícies

Um ambiente limpo, organizado e livre de impurezas e micro-organismos que atentam contra a vida do homem, quem é que não gosta disso?

Nos serviços de saúde, é essencial um ambiente limpo, organizado e livre de impurezas e micro-organismos que atentam contra a vida do homem. "A limpeza e a desinfecção de superfícies em serviços de saúde são elementos primários e eficazes nas medidas de controle para quebrar a cadeia epidemiológica das infecções" (BRASIL, 2010a, p. 24).

Essa limpeza consiste na retirada forçada das sujidades depositadas nas superfícies inanimadas utilizando-se meios mecânicos (fricção), físicos (temperatura) ou químicos (saneantes), em determinado período.

> As superfícies em serviços de saúde compreendem: mobiliários, pisos, paredes, divisórias, portas e maçanetas, tetos, janelas, equipamentos para a saúde, bancadas, pias, macas, divãs, suporte para soro, balança, computadores, instalações sanitárias, grades de aparelho de condicionador de ar, ventilador, exaustor, luminárias, bebedouro, aparelho telefônico e outros.

4.2.1 Serviço de limpeza

O Serviço de Limpeza e Desinfecção de Superfícies em Serviços de Saúde, de acordo com a Anvisa, compreende a limpeza, a desinfecção e a conservação das superfícies fixas e equipamentos permanentes das diferentes áreas (BRASIL, 2010a, p. 24).

Esse serviço tem como objetivo preparar e organizar o ambiente de trabalho, mantendo a ordem e conservando equipamentos e instalações, evitando a disseminação de micro-organismos responsáveis pelas infecções relacionadas à assistência à saúde.

4.2.2 Processos de limpeza de superfícies

Na área da saúde, os processos de limpeza de superfícies envolvem duas formas de limpeza: a concorrente (diária) e a terminal.

4.2.2.1 Limpeza concorrente

A limpeza concorrente:

> É o procedimento de limpeza realizado, diariamente, em todas as unidades dos estabelecimentos de saúde com o objetivo de limpar e organizar o ambiente, repor os materiais de consumo diário (por exemplo, sabonete líquido, papel higiênico, papel-toalha e outros) e recolher os resíduos, de acordo com sua classificação. [...]
>
> Nesse procedimento estão incluídas a limpeza de todas as superfícies horizontais, de mobiliários e equipamentos, portas e maçanetas, parapeitos de janelas, e a limpeza do piso e instalações sanitárias. (BRASIL, 2010a, p. 62)

FIQUE DE OLHO!

No intuito de evitar novas contaminações, deve-se priorizar a limpeza das maçanetas de portas, telefones, interruptores de luz, grades de camas, chamada de enfermagem, assim como as superfícies horizontais próximas às mãos do paciente e das equipes de saúde envolvidas (BRASIL, 2010a).

4.2.2.2 Limpeza terminal

Limpeza terminal é a técnica de desinfecção mais completa, pois inclui a limpeza de todas as superfícies horizontais, verticais, internas e externas.

O procedimento inclui a limpeza de paredes, pisos, teto, painel de gases, equipamentos, todos os mobiliários como camas, colchões, macas, mesas de cabeceira, mesas de refeição, armários, bancadas, janelas, vidros, portas, peitoris, luminárias, filtros e grades de ar-condicionado (YAMAUSHI, 2000 apud BRASIL, 2010a, p. 64).

A limpeza terminal é realizada na unidade do paciente, após alta hospitalar, transferências, óbitos (desocupação do local) ou nas internações de longa duração (programada). (BRASIL, 2010a, p. 63)

4.2.3 Métodos de limpeza de superfícies

Em ambientes de saúde, os métodos de limpeza de superfícies mais conhecidos são: limpeza úmida, limpeza molhada e limpeza seca.

4.2.3.1 Limpeza úmida

O método de limpeza úmida tem por objetivo passar pano ou esponja, umedecidos em solução detergente ou desinfetante, enxaguando, em seguida, com pano umedecido em água limpa.

Essa técnica é indicada para a limpeza de paredes, divisórias, mobiliários e grandes equipamentos. Porém, não é muito recomendada para a remoção de sujidade muito aderida.

4.2.3.2 Limpeza molhada

O método de limpeza molhada tem por objetivo a limpeza de pisos e outras superfícies fixas e de mobiliários, por meio de esfregação e de enxágue com água abundante. É uma técnica muito utilizada na limpeza terminal.

Recomenda-se o uso de máquinas automáticas que lavam, enxáguam e aspiram ao mesmo tempo, caso a limpeza seja realizada em pisos. É indicada também para áreas que não possuam ralos próximos.

4.2.3.3 Limpeza seca

Trata-se de uma das técnicas de limpeza mais simples que existem. Consiste na remoção de sujidade, pó ou poeira por meio da utilização de vassoura (varreduras seca), aspirador etc.

4.2.4 Princípios básicos para limpeza e desinfecção

Com base em vários autores, a Anvisa (BRASIL, 2010a) estabelece os seguintes princípios básicos para a limpeza e a desinfecção de superfícies em serviços de saúde (APECIH, 2004; HINRICHSEN, 2004; MOZACHI, 2005; TORRES; LISBOA, 2007; ASSAD; COSTA, 2010):

- Proceder à frequente higienização das mãos.
- Não utilizar adornos (anéis, pulseiras, relógios, colares, *piercing*, brincos) durante o período de trabalho.
- Manter os cabelos presos e arrumados e unhas limpas, aparadas e sem esmalte.
- Os profissionais do sexo masculino devem manter os cabelos curtos e a barba feita.
- O uso de Equipamento de Proteção Individual (EPIs) – como máscaras, luvas, óculos etc. – deve ser apropriado para a atividade a ser exercida.

- Nunca varrer superfícies a seco, pois esse ato favorece a dispersão de micro-organismos que são veiculados pelas partículas de pó. Utilizar a varredura úmida, que pode ser realizada com *mops* ou rodo e panos de limpeza de pisos.
- Para a limpeza de pisos, devem ser seguidas as técnicas de varredura úmida, ensaboar, enxaguar e secar.
- O uso de desinfetantes fica reservado apenas para as superfícies que contenham matéria orgânica ou indicação do Serviço de Controle de Infecção Hospitalar (SCIH).
- Todos os produtos saneantes utilizados devem estar devidamente registrados ou notificados na Anvisa.
- A responsabilidade do Serviço de Limpeza e Desinfecção de Superfícies em Serviços de Saúde na escolha e aquisições dos produtos saneantes deve ser realizada conjuntamente pelo Setor de Compras e Hotelaria Hospitalar (SCIH).
- É importante avaliar o produto fornecido aos profissionais. São exemplos: testes microbiológicos do papel-toalha e do sabonete líquido, principalmente quando se tratar de fornecedor desconhecido.
- Deve-se utilizar um sistema compatível entre equipamento e produto de limpeza e desinfecção de superfícies (apresentação do produto, diluição e aplicação).
- O profissional de limpeza sempre deverá certificar se os produtos de higiene, como sabonete e papel-toalha e outros, são suficientes para atender às necessidades do setor.
- Cada setor deverá ter a quantidade necessária de equipamentos e materiais para limpeza e desinfecção de superfícies.
- Para pacientes em isolamento de contato, recomenda-se exclusividade no *kit* de limpeza e desinfecção de superfícies. Utilizar, preferencialmente, pano de limpeza descartável.
- O sucesso das atividades de limpeza e desinfecção de superfícies depende da garantia e disponibilização de panos ou cabeleiras alvejados e limpeza das soluções dos baldes, bem como de todos os equipamentos de trabalho.
- Os panos de limpeza de piso e panos de mobília devem ser preferencialmente encaminhados à lavanderia para processamento ou lavados manualmente no expurgo.
- Os discos das enceradeiras devem ser lavados e deixados em suporte para facilitar a secagem e evitar mau cheiro proporcionado pela umidade.
- Todos os equipamentos deverão ser limpos ao término de cada jornada de trabalho.
- Sempre sinalizar os corredores, deixando um lado livre para o trânsito de pessoal, enquanto se procede à limpeza do outro lado. Utilizar placas sinalizadoras e manter os materiais organizados, a fim de evitar acidentes e poluição visual. (BRASIL, 2010a, p. 25-26)

4.2.5 Principais produtos usados na limpeza de superfícies

Existem muitos produtos usados para a limpeza de superfícies. Porém, os sabões e os detergentes estão entre os mais utilizados.

4.2.5.1 Uso do sabão

O sabão é um produto muito usado para lavagem e limpeza doméstica. É formulado à base de sais alcalinos de ácidos graxos associados ou não a outros tensoativos.

4.2.5.2 Uso do detergente

Assim como o sabão, o detergente é um produto muito requisitado em ambientes de saúde. É destinado à limpeza de superfícies e tecidos a partir da diminuição da tensão superficial, tendo a finalidade de remover sujeiras hidrossolúveis e aquelas não solúveis em água.

> Os detergentes possuem efetivo poder de limpeza, principalmente pela presença do surfactante na sua composição. O surfactante modifica as propriedades da água, diminuindo a tensão superficial [e] facilitando a sua penetração nas superfícies, dispersando e emulsificando a sujidade. (BRASIL, 2010a, p. 46)

4.3 Desinfecção de produtos e superfícies

Aprendemos anteriormente que desinfecção é o procedimento aplicado às superfícies, com a finalidade de destruir, eliminar ou inativar muitas ou todas as formas de vida microbiana, com exceção dos esporos bacterianos, que são mais resistentes.

4.3.1 Métodos de desinfecção

A desinfecção pode ser realizada por meio de processos químicos ou físicos.

4.3.1.1 Métodos físicos

Os métodos físicos de desinfecção são:

- **Fervura:** água em ebulição por 30 minutos.
- **Máquinas automáticas ou termodesinfectadoras:** temperatura de 60 °C a 90 °C.
- **Pasteurização:** água a 70 °C durante 30 minutos de exposição.

4.3.1.2 Métodos químicos

Os métodos químicos de desinfecção são:

- imersão em desinfetante, germicida líquido;
- fricção de germicida líquido (álcool a 70%, ácido peracético em equipamentos e aparelhos).

4.3.2 Níveis de desinfecção

Quando se fala em desinfecção de produtos e superfícies, devemos conhecer a classificação dos níveis de desinfecção, que são determinados conforme o espectro da ação germicida.

Os níveis de desinfecção são classificados em: alto, médio e baixo.

4.3.2.1 Desinfecção de alto nível

Corresponde ao método de desinfecção capaz de extinguir bactérias vegetativas, o bacilo da tuberculose, fungos, bem como vírus lipídicos e não lipídicos. Também possui ação destruidora sobre os esporos *Bacillus subtilis* e *Clostridium sporogenes*. Porém, não é capaz de eliminar grande número de esporos bacterianos.

4.3.2.2 Desinfecção de médio nível

Trata-se do método de desinfecção capaz de eliminar o bacilo da tuberculose, vírus (poliovírus, vírus coxsackie, rinovírus, vírus herpes *simplex*, citomegalovírus, HBS, HIV) e fungos (*Trichophyton spp.*, *Criyptococcus spp.*, *Candida spp.*), porém não consegue eliminar os esporos.

4.3.2.3 Desinfecção de baixo nível

Refere-se ao nível de desinfecção mais fraco. Elimina a maioria das bactérias vegetativas (*Pseudomonas aeruginosa*, *Staphylococcus aureus*, *Salmonella choleraesuis*), porém não consegue eliminar esporos bacterianos ou microbactéria.

4.3.3 Fatores que afetam os processos de desinfecção

São fatores que interferem direta ou indiretamente nos processos de desinfecção:

- limpeza prévia mal-efetuada (presença de matérias orgânica e inorgânica);
- tempo insuficiente de exposição ao germicida;
- solução germicida com ação ineficaz;
- presença de biofilmes;
- temperatura e pH.

4.3.4 Principais produtos usados na desinfecção de superfícies

4.3.4.1 Álcool

De acordo com a Anvisa:

> Os álcoois etílico [concentração de 60% a 90%] e isopropílico são os principais desinfetantes utilizados em serviços de saúde, podendo ser aplicados em superfícies ou artigos por meio de fricção. Possuem ação bactericida, virucida, fungicida e tuberculocida. (BRASIL, 2010a, p. 46)

O álcool possui fácil aplicação e ação imediata, sendo indicado para a desinfecção de mobiliário em geral, bem como para a higienização das mãos. No entanto, ele tem as seguintes desvantagens: é inflamável, volátil e resseca plásticos, borrachas e a pele humana.

4.3.4.2 Hipoclorito de sódio

O hipoclorito de sódio (concentração de 0,02% a 1,0%) é um composto inorgânico que apresenta ação bactericida, virucida, fungicida, tuberculicida e esporicida (dependendo da concentração de uso). Pode apresentar-se tanto na forma líquida quanto em pó. Produto com ação rápida e baixo custo, muito indicado para desinfecção de superfícies fixas.

O hipoclorito de sódio, no entanto, possui as seguintes desvantagens: é inativo na presença de matéria orgânica, é corrosivo para metais e apresenta um odor desagradável, podendo causar irritabilidade nos olhos e nas mucosas.

4.3.4.3 Ácido peracético

O ácido peracético é uma mistura de ácido acético com peróxido de hidrogênio. Em resumo, trata-se de um desinfetante indicado para superfícies fixas e age por desnaturação das proteínas, alterando a permeabilidade da parede celular do micro-organismo.

Em baixas concentrações (0,001% a 0,2%), apresenta baixa toxicidade e possui ação bastante rápida sobre os micro-organismos, inclusive sobre os esporos bacterianos.

Esse ácido apresenta as seguintes desvantagens: é corrosivo para metais (cobre, latão, bronze, ferro galvanizado) e sua atividade é reduzida pela modificação do pH. Além disso, causa irritação nos olhos e no trato respiratório.

4.3.4.4 Outros produtos usados na desinfecção de superfícies

A seguir são apresentados os principais produtos de limpeza e desinfecção de superfícies em serviços de saúde, bem como suas indicações e seus modos de uso.

Tabela 4.1 – Produtos de limpeza e desinfecção de superfícies em serviços de saúde

Produtos de limpeza/desinfecção	Indicação de uso	Modo de usar
Água	Limpeza para remoção de sujidade	Técnica de varredura úmida ou retirada de pó
Água e sabão ou detergente		Friccionar o sabão ou detergente sobre a superfície
Água		Enxaguar e secar
Álcool a 70%	Desinfecção de equipamentos e superfícies	Fricções sobre a superfície a ser desinfetada
Compostos fenólicos	Desinfecção de equipamentos e superfícies	Após a limpeza, imersão ou fricção. Enxaguar e secar
Quaternário de amônia	Desinfecção de equipamentos e superfícies	Após a limpeza, imersão ou fricção. Enxaguar e secar
Compostos liberadores de cloro ativo	Desinfecção de superfícies não metálicas e superfícies com matéria orgânica	Após a limpeza, imersão ou fricção. Enxaguar e secar
Oxidantes Ácido peracético (associado ou não a peróxido de hidrogênio)	Desinfecção de superfícies	Após a limpeza, imersão ou fricção. Enxaguar e secar

Fonte: Brasil (2010).

4.4 Esterilização de produtos e superfícies

Antes de falarmos sobre esterilização de produtos e superfícies, precisamos trazer à baila dois conceitos muito confundidos pelos estudiosos do tema:

Qual a diferença entre desinfecção e esterilização?

Apesar de serem termos com finalidades semelhantes, diferenciam-se na conceituação técnica.

- **Desinfecção:** processo físico ou químico que elimina a maioria dos micro-organismos patogênicos de objetos inanimados e superfícies, com exceção de esporos bacterianos, podendo ser de baixo, médio ou alto nível.

- **Esterilização:** processo utilizado para destruir todas as formas de vida microbiana, por meio do uso de agentes físicos (autoclave e estufa, por exemplo) e químicos (óxido de etileno, plasma de peróxido de hidrogênio, formaldeído e glutaraldeído, por exemplo).

4.4.1 Processo de esterilização

O processo de esterilização é formado basicamente por seis etapas: pré-lavagem, limpeza, preparo, esterilização, estocagem e distribuição, e controle do processo. Em resumo, compreende a morte total dos micro-organismos presentes em determinado produto ou superfície.

O processo de esterilização compreende dois métodos: físico e químico.

4.4.1.1 Método físico

Em ambientes hospitalares e serviços de saúde, utilizam-se, de preferência, os seguintes métodos: calor seco, vapor saturado sob pressão (autoclave), filtração e irradiação (Figura 4.2).

Filtração

O método de esterilização por filtração consiste em remover micro-organismos de líquidos, ar e gases. Nesse processo, os filtros podem ser de vários tipos (discos de amianto, velas porosas, filtros de vidro poroso, de celulose etc.). Método muito utilizado em laboratórios.

Irradiação

As radiações estão presentes em diversas formas em nosso dia a dia, inclusive no processo de esterilização de superfícies, objetos, instrumentos cirúrgicos etc. Essas radiações são capazes de eliminar (matar), de forma prática e eficaz, os micro-organismos que atentam contra a vida do homem. A irradiação, em virtude de sua complexidade, seu custo e da infraestrutura exigida, é mais utilizada nas indústrias.

Figura 4.2 – Modelo de autoclave automática vertical. Equipamento inventado pelo auxiliar de Louis Pasteur e inventor Charles Chamberland, utilizado para esterilizar artigos por meio do calor úmido sob pressão.

Calor seco (estufa ou forno de Pasteur)

Muito empregado para esterilização de instrumentos e materiais odontológicos, o forno de Pasteur consiste em uma câmara dotada de um aquecedor elétrico (resistência), que aquece a câmara e o seu conteúdo, provocando a esterilização dos micro-organismos ali presentes. No forno de Pasteur existe um termostato que regula a temperatura desejada. Dessa forma, podem-se utilizar as seguintes combinações de temperatura e tempo:

- 121 ºC, durante 12 horas;
- 160 ºC, durante 2 horas;
- 170 ºC, durante 1 hora.

Esse método é recomendado para esterilizar os materiais que não podem ser molhados, como compressas de gaze, bolas de algodão, óleos, gorduras, ceras, bem como instrumentos metálicos e equipamentos de vidro.

4.4.1.2 Método químico

Com o passar dos anos, a tecnologia da esterilização também foi ganhando forma, fazendo surgir novos métodos de trabalho e esterilização, bem como novos materiais, aparelhos e equipamentos etc. Paralelamente a isso, a prática da assistência à saúde vem necessitando de processamentos cada vez mais rápidos, seguros e econômicos.

O método de esterilização química, também conhecido como método de esterilização a baixa temperatura, consiste na esterilização (eliminação total) de micro-organismos a baixa temperatura, ou seja, a temperatura menor ou igual a 60 °C, combinando com algum outro agente químico.

Por exemplo, no Brasil, os procedimentos de esterilização por métodos químicos (baixa temperatura) mais aceitos são:

- esterilização por óxido de etileno (OE ou ETO, de *etylene oxide*), C_2H_4O;
- plasma de peróxido de hidrogênio (PPH), H_2O_2;
- vapor de formaldeído a baixa temperatura (VFBT), CH_2O.

Veja na Tabela 4.2 as características mais relevantes desses métodos.

Tabela 4.2 – Comparativo das características de um processo de esterilização a baixa temperatura entre óxido de etileno (OE), plasma de peróxido de hidrogênio (PPH) e vapor de formaldeído a baixa temperatura (VFBT)

Características	OE	PPH	VFBT
Eficácia alta	Sim	Sim	Sim
Rapidez no processo	Não	Sim	Sim
Ação na matéria orgânica	Não	Não	Não
Penetração em embalagens	Sim	Sim Embalagem especial	Sim
Penetração em lúmens	Sim	Sim Com restrições	Necessita validação
Compatibilidade com os materiais	Sim Exceto líquidos	Sim Exceto celulose e líquidos	Sim Exceto papel, tecido e borracha e líquidos

Características	OE	PPH	VFBT
Baixa toxicidade	Tóxico Medidas de segurança bem estabelecidas	Parece ser mínimo	Tóxico Medidas de segurança bem definidas
Fácil operação	Sim	Sim	Sim
Capacidade de monitoramento	Sim	Sim	Sim
Custo/efetividade	Custo inicial alto Custo operacional baixo	Custo inicial alto Custo operacional baixo	Custos inicial e operacional baixos
Liberação de carga com base no resultado final do teste biológico	24 horas	24 horas	96 horas (4 dias)
Legislação	Brasil Portaria nº 482/1999 FDA 1978 AORN 2005	Brasil Ainda não há legislação	Brasil ISO Europa EN 14180 (2005)

Fonte: SILVA et al. (2013).

4.5 Medidas de controle de infecção em ambientes de saúde

4.5.1 Meios de transmissão

Segundo a Anvisa, (BRASIL, 2006c, p. 20), "os micro-organismos são transmitidos no hospital por vários meios: por contato, por gotículas, por via aérea, por meio de um veículo comum ou por vetores". Veja a seguir, as peculiaridades de cada meio transmissão.

4.5.1.1 Transmissão por contato

> É o mais frequente e importante meio de transmissão de infecções em ambientes hospitalares. Pode ocorrer [por meio] das mãos dos profissionais, [...] das luvas quando não trocadas entre um paciente e outro; pelo contato entre pacientes e também [por meio] de instrumentos contaminados. (BRASIL, 2006c, p. 20)

4.5.1.2 Transmissão por gotículas

> A geração de gotículas pela pessoa que é a fonte ocorre durante a tosse, espirro, aspiração de secreções, realização de procedimentos (como broncoscopia) e mesmo pela conversação habitual. Quando estas partículas são depositadas na conjuntiva, mucosa nasal ou na boca do hospedeiro susceptível, ocorre a transmissão do agente. As partículas podem atingir uma distância de um metro. Essa forma de transmissão não é aérea porque as gotículas não permanecem suspensas no ar. (BRASIL, 2006c, p. 20)

4.5.1.3 Transmissão por via aérea

> A transmissão aérea ocorre quando os micro-organismos estão em pequenas partículas suspensas no ar (≤5 μm) ou gotículas evaporadas que permanecem suspensas no ar por longo tempo. Os micro-organismos carreados desta forma são disseminados por correntes de ar e podem ser inalados por hospedeiros susceptíveis, mesmo a longas distâncias. (BRASIL, 2006c, p. 20)

4.5.1.4 Transmissão por veículo comum

"Ocorre quando os micro-organismos são transmitidos por veículo comum, como alimentos, água, medicamentos ou mesmo equipamentos". (BRASIL, 2006c, p. 20)

4.5.1.5 Transmissão por vetores

"Ocorre quando vetores como moscas, mosquitos etc. transmitem micro-organismos". (BRASIL, 2006c, p. 20)

4.5.2 Medidas de precaução universal

As medidas de precaução universal constituem um apanhado de procedimentos a serem adotados universalmente para o controle eficaz de infecção nos ambientes de saúde, tendo sempre como finalidade reduzir, ao máximo possível, o risco de transmissão de micro-organismos, como os vírus, as bactérias e os fungos.

> As precauções-padrão com sangue e líquidos corporais são medidas recomendadas para serem utilizadas em todos os pacientes, independentemente dos fatores de risco ou da doença de base. Compreendem a lavagem/higienização correta das mãos, uso de luvas, aventais, máscaras ou proteção facial para evitar o contato do profissional com material biológico do paciente (sangue, líquidos corporais, secreções e excretas, exceto suor), pele não intacta e mucosas. (BRASIL, 2006c, p. 23)

Veja, a seguir, as medidas de precaução universal mais aceitas pela doutrina dominante da área, conforme Martins (2001):

- deve-se sempre lavar as mãos antes e após o contato com o paciente e entre dois procedimentos realizados no mesmo paciente;
- utilizar sempre EPIs aprovados pelo órgão nacional competente em matéria de Segurança e Saúde no Trabalho;
- ter total cuidado quando manipular materiais perfurocortantes;
- jamais reencapar, quebrar, entortar ou retirar as agulhas das seringas;
- devem-se transferir materiais e artigos com muita atenção e cuidado, de preferência, usando uma bandeja;
- as caixas de descarte devem ser dispostas em locais visíveis e de fácil acesso, e jamais se deve preenchê-las acima da capacidade-limite;
- durante o transporte de resíduos, deve-se tomar total cuidado, sempre com o objetivo de evitar um terrível acidente;
- seguir rigorosamente todos os procedimentos de saúde e segurança, bem como as normas e as instruções técnicas emanadas da Anvisa e do Ministério da Saúde.

4.5.3 Duração das precauções

Aprendemos que precauções são procedimentos adotados com o objetivo de evitar a propagação de doenças transmissíveis, evitando, dessa forma, a disseminação de micro-organismos dos pacientes infectados para outros pacientes, visitantes ou mesmo para os profissionais de saúde. De forma geral, um dos fundamentos essenciais das precauções é o pleno conhecimento dos mecanismos de transmissão dos micro-organismos, bem como suas particularidades epidemiológicas.

Tabela 4.3 – Quadro-resumo das principais doenças infectocontagiosas e suas precauções

Doença	Fonte	Precaução	Duração
Aids	Sangue e secreções	Padrão	
Cólera	Fezes e vômitos	Padrão	
Coqueluche	Secreção respiratória	Gotículas	Até 7 dias início tratamento
Dengue	Mosquito *Aedes aegypti*	Padrão	
Difteria	Secreção da VAS	Gotículas	2 culturas negativas
Diarreias bacterianas	Fezes	Contato	Surante internação
Hepatite A	Fezes	Padrão	Contato (fraldas)
Hepatite B e C	Secreções	Padrão	
Leptospirose	Urina de rato infectado	Padrão	
Meningite por *Neisseria meningitidis* ou *Haemoplilus influenzae*	Secreção respiratória	Gotículas	Até 24h após início tratamento
Meningite – outras etiologias		Padrão	
Rubéola	Secreção da VAS	Gotículas	Até 5º dia após início do exantema
Rubéola congênita	Sangue e secreções	Contato	Até 1 ano de idade
Sarampo	Secreção respiratória	Aerossóis	Até 7º dia após início do exantema
Tuberculose pulmonar e laríngea	Secreção respiratória	Aerossóis	Até 15 dias após início do tratamento
Tuberculose de outros órgãos		Padrão	
Varicela	Secreção das vesículas e das VAS	Aerossóis e contato	Até caírem as crostas

Fonte: Brasil (2006).

4.6 Higiene industrial

A Higiene Industrial é uma ciência e uma arte que tem por objetivo o reconhecimento, a avaliação e o controle de fatores ambientais ou tensões originadas nos locais de trabalho que possam provocar doenças, prejuízos à saúde ou ao bem-estar, desconforto significativo e ineficiência nos trabalhadores ou entre as pessoas da comunidade.

Por ser uma ciência multidisciplinar, complementa-se com outras áreas do conhecimento humano, como Segurança Industrial, Segurança do Trabalho, Saúde Ocupacional, Meio Ambiente e Biossegurança.

4.6.1 Objetivo

Seu principal objetivo é assegurar aos trabalhadores padrões adequados de saúde e bem-estar no ambiente de trabalho.

4.7 Vigilância sanitária

O conceito legal de vigilância sanitária busca fundamento na Lei nº 8.080/90, que, em seu artigo 6º, parágrafo 1º, afirma:

> [...] Entende-se por vigilância sanitária um conjunto de ações capaz de eliminar, diminuir ou prevenir riscos à saúde e de intervir nos problemas sanitários decorrentes do meio ambiente, da produção e circulação de bens e da prestação de serviços de interesse da saúde, abrangendo:
>
> I – o controle de bens de consumo que, direta ou indiretamente, se relacionem com a saúde, compreendidas todas as etapas e processos, da produção ao consumo; e
>
> II – o controle da prestação de serviços que se relacionam direta ou indiretamente com a saúde. (BRASIL, 1990)

4.7.1 Agência Nacional de Vigilância Sanitária

A Agência Nacional de Vigilância Sanitária (Anvisa) é uma autarquia especial, ou seja,

> [...] é uma agência reguladora caracterizada por sua independência administrativa, financeira e estabilidade de seus dirigentes durante o período de mandato.
>
> Criada pela Lei nº 9.782, de 26 de janeiro 1999 tem como campo de atuação não somente um setor específico da economia, mas todos os setores relacionados a produtos e serviços que possam afetar a saúde da população brasileira. Sua competência abrange tanto a regulação sanitária quanto a regulação econômica do mercado.
>
> Além da atribuição regulatória, a ANVISA também é responsável pela coordenação do Sistema Nacional de Vigilância Sanitária (SNVS), de forma integrada com outros órgãos públicos relacionados direta ou indiretamente ao setor saúde. (BRASIL, 2012).

4.7.1.1 Missão

Anvisa tem por missão:

> [...] Promover e proteger a saúde da população e intervir nos riscos decorrentes da produção e do uso de produtos e serviços sujeitos à vigilância sanitária, em ação coordenada com os estados, os municípios e o Distrito Federal, de acordo com os princípios do Sistema Único de Saúde, para a melhoria da qualidade de vida da população brasileira. (BRASIL, 2012).

4.8 Vigilância epidemiológica

Da mesma forma que ocorre com a vigilância sanitária, o conceito legal de vigilância epidemiológico encontra respaldo na Lei nº 8.080/90, que, em seu artigo 6º, parágrafo 2º, destaca:

> [...] Entende-se por vigilância epidemiológica um conjunto de ações que proporcionam o conhecimento, a detecção ou prevenção de qualquer mudança nos fatores determinantes e condicionantes de saúde individual ou coletiva, com a finalidade de recomendar e adotar as medidas de prevenção e controle das doenças ou agravos. (BRASIL, 1990, p. 18055).

4.8.1 Objetivos da vigilância epidemiológica

A vigilância epidemiológica tem como principais objetivos:

- descobrir novos problemas de saúde pública;
- detectar epidemias que assolam a humanidade;
- relatar por meio de documentos a disseminação de doenças;
- estimar a magnitude da morbidade e da mortalidade provocadas por determinados agravos;
- detectar fatores de risco que envolvem a ocorrência de doenças;
- com bases científicas e objetivas, indicar os procedimentos necessários para prevenir ou controlar a ocorrência de agravos específicos à saúde;
- avaliar o impacto de procedimentos de intervenção, por meio de coleta e análise sistemática de informações relativas ao específico agravo objeto desses procedimentos;
- ter condições de avaliar a adequação de táticas e estratégias de medidas de intervenção não só com base em dados epidemiológicos, mas também no que se refere à sua própria operacionalização;
- de forma transparente, revisar práticas antigas e atuais de sistemas de vigilância que tenham por finalidade discutir prioridades em saúde pública, a ponto de propor novos instrumentos metodológicos.

VAMOS RECAPITULAR?

Conhecemos neste capítulo os conceitos mais relevantes sobre limpeza, desinfecção, esterilização e suas tecnologias.

Aprendemos técnicas de higienização das mãos, limpeza de produtos e superfícies, bem como métodos de desinfecção e esterilização e as principais características da vigilância sanitária e vigilância epidemiológica.

AGORA É COM VOCÊ!

1. O que é higienização das mãos?
2. Em que consiste a higienização simples das mãos?
3. Qual é a diferença entre desinfecção e esterilização?
4. Qual é a finalidade da limpeza terminal?
5. Em ambientes de saúde, quais são os métodos de limpeza de superfícies mais utilizados e conhecidos?

5

UNIDADES DE SAÚDE

PARA COMEÇAR

Neste capítulo abordaremos os vários tipos de unidades de saúde e setores: hospitais, clínicas, consultórios, farmácias, salas de raios X, laboratórios, postos de saúde e outras atividades relacionadas, principalmente, nos aspectos das instalações e seus critérios para a contribuição na Biossegurança, além de outras medidas de prevenção.

5.1 Estabelecimentos de saúde

As iniciativas que englobam as melhorias necessárias para a saúde pública são muitas, e, nesse contexto, uma infraestrutura laboral deve ser elaborada para que atenda aos objetivos de oferecer serviços com segurança, equidade e acessíveis a toda a população. Para tanto, medidas de prevenção devem ser observadas.

Além dos procedimentos inerentes à parte operacional, ou seja, aspectos importantes como higienização, esterilização, avaliação dos riscos, treinamentos e tantos outros fatores que o leitor está tendo a oportunidade de conhecer neste livro, é necessário que os estabelecimentos de saúde proporcionem condições mínimas, em suas instalações físicas, para que os profissionais de saúde consigam exercer suas atividades em um ambiente salubre e os pacientes tenham confiança nos serviços recebidos.

Apesar da disponibilidade de redes privadas de saúde, a maior parte da população ainda depende dos serviços públicos das Unidades Básicas de Saúde (UBS), que são locais destinados a atendimentos básicos e gratuitos de várias especialidades, como clínica geral, enfermagem, pediatria, ginecologia e odontologia; são oferecidos serviços como consultas médicas, injeções, curativos, vacinas, inalações, coletas de exames laboratoriais, fornecimento de medicação básica, além do encaminhamento para outras especialidades. Porém, o atendimento médico nas UBSs tem suas limitações, por isso, muitas vezes, faz-se necessário procurar serviços mais específicos e com condições que atendam à finalidade procurada, como prontos-socorros, hospitais, clínicas, clínicas veterinárias, clínicas odontológicas ou laboratórios. Para tanto, as condições de estrutura física dos estabelecimentos mencionados devem levar em conta a prevenção de riscos biológicos aos colaboradores e pacientes, com a implementação de medidas em Saúde e Segurança do Trabalho e de Engenharia específica, bem como de aspectos sanitários, tendo como diretrizes os princípios da Biossegurança.

5.2 Organização física e funcional

Na concepção das instalações de unidades de saúde, diversos critérios devem ser adotados para o desenvolvimento do ambiente laboral que será construído. Aspectos epidemiológicos são o principal ponto a ser considerado. Os projetos devem proporcionar organização em sua funcionalidade, para que os profissionais possam exercer as suas funções e a prestação de serviços. Arranjos físicos inadequados podem ocasionar riscos à segurança e falhas na parte operacional.

Há critérios técnicos em tudo o que envolve a montagem das instalações, como: onde ficará determinado setor da unidade (enfermaria, raios X, laboratório etc.), o espaço adequado para a disposição dos equipamentos, os tipos de acesso (externo ou interno), a dimensão dos corredores de circulação, entre tantas medidas. Como podemos observar, nada é feito ao acaso, e os mínimos detalhes, que muitas vezes nos fogem à atenção, têm por base critérios técnicos de Biossegurança e funcionalidade.

Os ambientes de trabalho devem ser construídos afim de que as unidades de serviço tenham características que possibilitem a execução de um serviço. Por exemplo, a enfermaria demanda que suas instalações tenham espaço suficiente para locomoção de profissionais e pacientes, medicação, destinação dos resíduos, local para os instrumentos de trabalho e outras tarefas.

O projeto físico a ser elaborado também deve avaliar o dimensionamento da unidade e a quantidade de itens a serem inseridos em suas instalações.

Um hospital terá uma quantidade maior de setores e atribuições envolvidas do que uma clínica, logo, precisará de mais espaço para que suas atividades se desenvolvam; porém, a demanda de pacientes em um hospital de uma metrópole será, teoricamente, maior do que a de um hospital em uma cidade de menor porte. Assim, supomos que o primeiro deva ter instalações maiores. O senso comum diz que um laboratório privado e uma clínica odontológica necessitam de instalações do mesmo porte, mas há que analisar o tipo de equipamento necessário em cada um e o perfil do usuário que utilizará os serviços.

Chegamos à conclusão, por meio dos exemplos citados, de que apesar de haver uma padronização na adequação das instalações prediais, critérios quantitativos e qualitativos diferenciarão as diversas unidades de saúde, mesmo que tenham a mesma finalidade. Aspectos geográficos e sociais são outros fatores a serem analisados no desenvolvimento dos projetos.

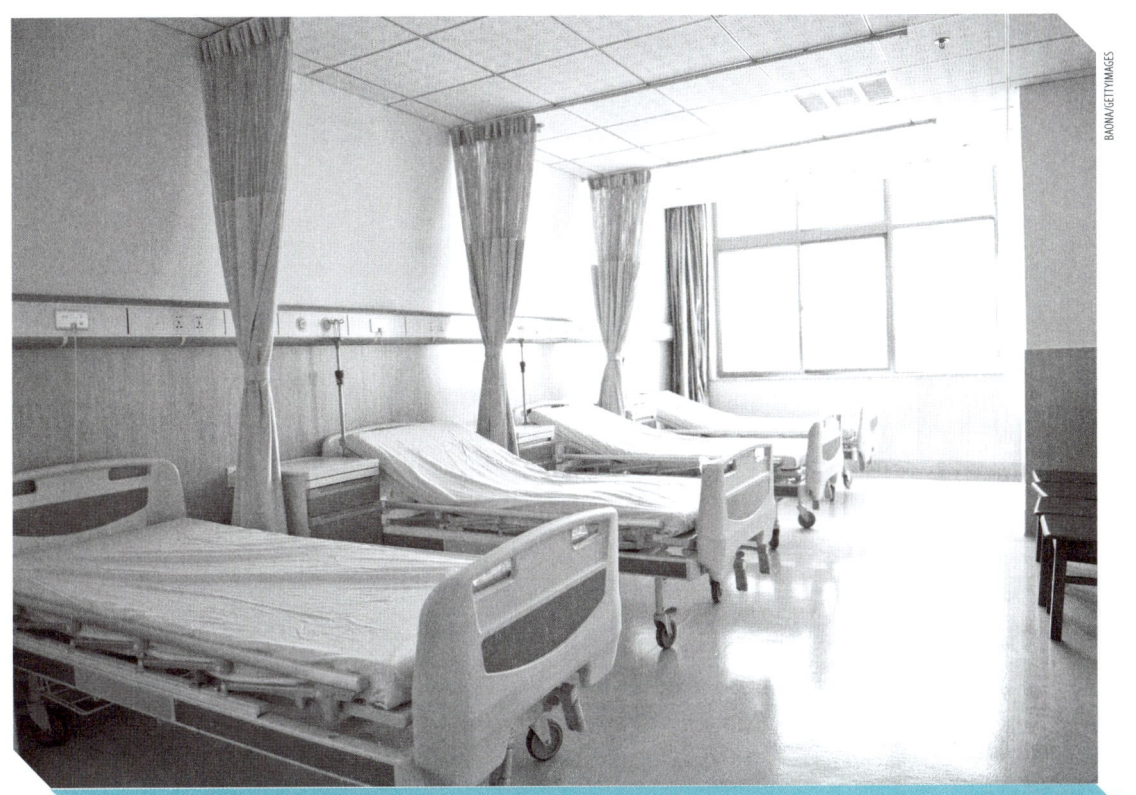

Figura 5.1 - As instalações de unidades de saúde devem ser projetadas para que tenham espaço de locomoção e ventilação; ambientes com pouco espaço facilitam o contágio, principalmente, em locais onde o contato físico entre as pessoas pode ser frequente e a inalação de micro-organismos pode ocorrer em ações simples, como a fala, o toque e a tosse.

5.3 Instalações prediais

As instalações prediais devem preencher uma série de requisitos para atender com a segurança e a funcionalidade que se espera. Suas instalações devem possuir a estrutura necessária para a implementação de maquinários e equipamentos nas unidades, por exemplo:

- instalações hidrossanitárias, para operações envolvendo água fria, água quente e esgoto sanitário;
- instalações elétricas e eletrônicas, para a energização geral de máquinas, equipamentos e sinalizações;
- instalações de proteção contra descarga elétrica;
- instalações para o fornecimento de oxigênio medicinal, ar comprimido medicinal, vácuos de limpeza e clínico, óxido nitroso, vapor e condensado etc.;
- instalação de ares-condicionados para a climatização do ambiente.

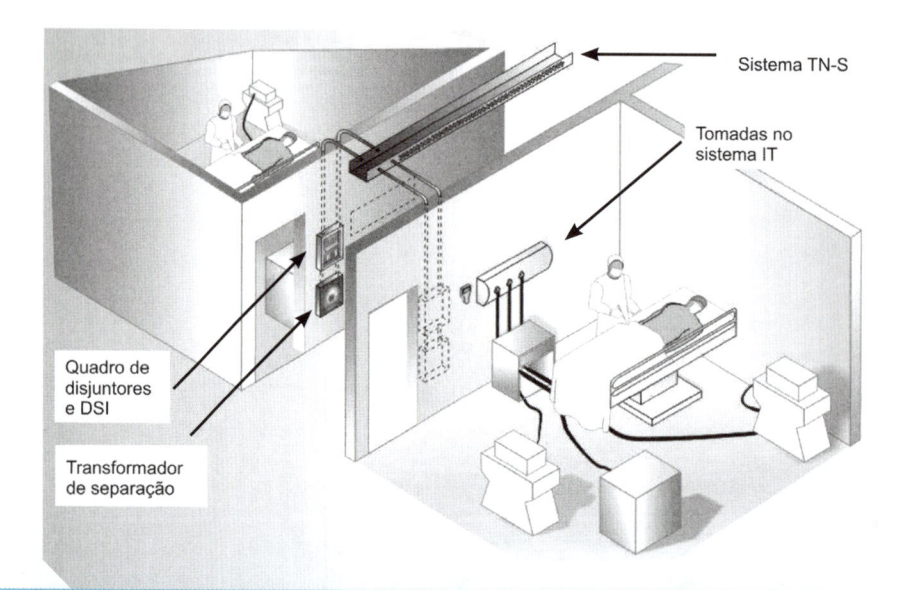

Figura 5.2 - Devem constar, na concepção dos projetos hospitalares, cuidados com a implementação das instalações elétricas prediais; equipamentos de refrigeração, climatização ou esterilização dependem de totaldisponibilidade de uso para manter o ambiente salubre e com riscos de presença de micro-organismos sob controle.

5.4 Laboratórios

Os laboratórios são utilizados para coleta e análise de amostras dos usuários (sangue, urina, fezes) e devem ser dimensionados segundo as normas vigentes em seu planejamento. Apesar de os laboratórios de hospitais serem planejados no padrão que as normas exigem, há outros tipos (laboratórios adaptados) que precisam sofrer adequações para atender ao mínimo de requisitos de biossegurança e funcionalidade, como é o caso de instalações privadas, muitas vezes adaptadas a prédios ou residências antigas em sua implantação.

FIQUE DE OLHO!

Áreas restritas e permitidas devem ser bem-sinalizadas e em locais visíveis, além de expressas em braille, ou com orientação por um monitor, também para o auxílio dos não alfabetizados. Esse procedimento deve ser constituído em qualquer tipo de unidade de saúde.

Independentemente do tipo de laboratório, os aspectos normativos devem ser cumpridos, e o laboratório, elaborado para que o responsável, a equipe de saúde, atendentes e usuários tenham um espaço compatível com a execução dos serviços prestados. As áreas devem ser bem-planejadas, para que o fluxo de pessoas e profissionais no ambiente possa ocorrer de forma organizada, e para possibilitar o acesso à informação e orientação sobre os procedimentos laboratoriais de forma correta.

O setor de atendimento aos pacientes é de suma importância para os laboratórios, pois, além de estar preparado para as atividades administrativas e operacionais, o pessoal envolvido deve ser devidamente treinado para a orientação aos usuários, principalmente no que se refere à recepção de amostras trazidas para a análise, que devem vir em caixas e embalagens específicas, à prova de vazamentos e rupturas, e o setor deve estar devidamente estruturado para o seu recebimento.

Outro aspecto importante tem relação com o acesso ao laboratório: tanto a entrada quanto a saída devem possuir uma pia larga, sinalizada de forma acessível, destinada a procedimentos de assepsia e desinfecção.

> **FIQUE DE OLHO!**
>
> Algumas medidas de prevenção contra riscos biológicos podem ser eficientes também contra riscos químicos, porém, há de se observar as particularidades das atividades exercidas: os agentes de risco envolvidos, a metodologia laboral e a adequação de EPIs de acordo com os riscos.

5.5 Radiação de raios X

Unidades de saúde que possuem setores de raios X necessitam de um rígido controle em suas instalações, por envolverem radiações ionizantes em seus processos. Barreiras devem ser instaladas para a proteção de profissionais, pacientes, visitantes e outros colaboradores. As condições de biossegurança das instalações são atestadas pela vigilância sanitária, que analisa o projeto arquitetônico, o cálculo de blindagem das barreiras de proteção, o levantamento radiométrico, as documentações legais e outros aspectos na inspeção, para a emissão do alvará sanitário que licencia o setor, em caso de condições favoráveis de funcionamento.

Em relação às barreiras de proteção, o principal fator a ser observado é a manutenção de uma distância segura entre a fonte das doses de radiação e o ponto a ser protegido. O cálculo de blindagem deve ser feito após a conclusão do projeto arquitetônico e antes do início das obras da construção.

A blindagem é construída com materiais feitos em argamassa de baritina, placas de chumbo, placas de ferro, concreto armado ou parede de tijolo maciço, e sua eficácia dependerá da qualidade da mão de obra ou do material, do cumprimento das recomendações técnicas, da manutenção etc. Concluídas as obras, o levantamento radiométrico será realizado com o devido equipamento emissor de radiação e outras aparelhagens do setor, para a plena avaliação das condições de segurança.

5.6 Clínicas e consultórios

Consultórios são unidades de saúde que têm por finalidade o atendimento especializado em uma determinada patologia, ou um pré-diagnóstico geral do paciente para o encaminhamento a um especialista. Nas clínicas, além das mesmas atribuições dos consultórios, também são realizados exames laboratoriais e outros tipos de serviços ligados à saúde (mamografias, análises computadorizadas, eletrocardiogramas etc.). Porém, é comum a confusão com as nomenclaturas, já que muitos consultórios com estrutura de clínicas também realizam exames em suas dependências.

Independentemente desse imbróglio linguístico, ambos têm como finalidade principal uma pré-avaliação do paciente e atendem diversos tipos de pacientes. Podem ser classificados, de acordo com os usuários atendidos, em:

- consultórios pediátricos;
- consultórios odontológicos;
- clínicas e consultórios veterinários;

- consultórios oftalmológicos;
- clínicas de cirurgia plástica etc.

De modo geral, as instalações dessas unidades de saúde tendem a ocupar espaço físico menor que o dos hospitais, sendo importante o melhor aproveitamento na adequação dos ambientes, com layouts que ofereçam segurança aos usuários, atendimento eficiente e funcionalidade. Consultórios pediátricos e veterinários, por exemplo, requerem salas de espera específicas para as crianças e os animais, respectivamente, em razão das características que lhes são próprias, tanto físicas quanto psicológicas; no caso das crianças, uma sala para recreação e entretenimento seria o mais adequado, desde que tomados todos os cuidados preventivos para a sua segurança.

Em clínicas e consultórios, assim como em qualquer unidade de saúde, aspectos de acessibilidade devem facilitar o ingresso de deficientes físicos (rampas sem degraus) e pacientes com traumas, engessados ou com muletas (cadeiras de rodas), e também de idosos, que, muitas vezes, necessitam dessa mesma atenção, além de banheiros e poltronas especiais, para atender a todos.

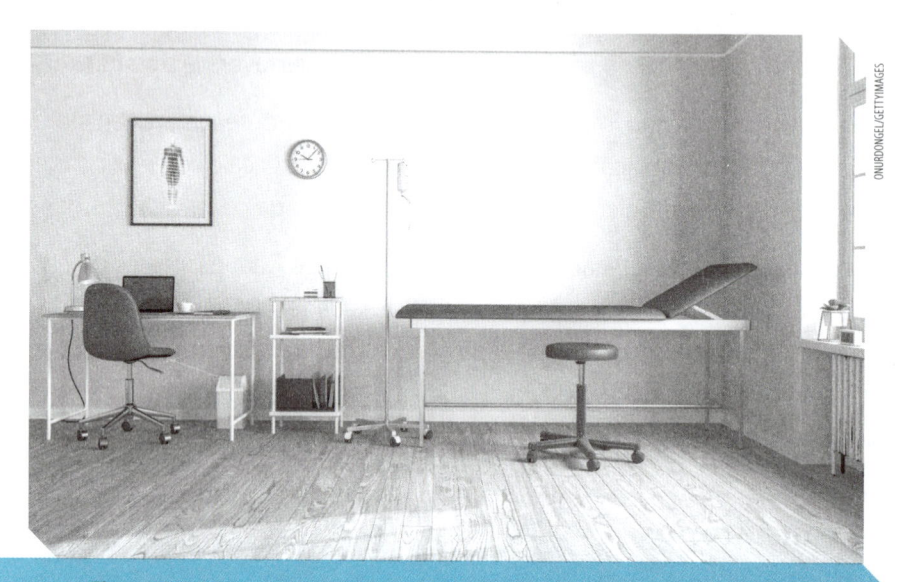

Figura 5.3 - Por constituírem espaços relativamente pequenos, os consultórios devem dispensar artigos que possam abrigar micro-organismos como ácaros, como tapetes e cortinas de tecido, favorecendo a possibilidade de manter um ambiente mais limpo e saudável.

Com exceção de clínicas e consultórios de cirurgia plástica, há a predominância de cores claras nas paredes e pisos dos ambientes, para passar uma sensação de tranquilidade; aspectos importantes como iluminação, acústica e ar-condicionado são comuns nessas unidades, onde o mobiliário e os instrumentos de trabalho, as salas de espera e o perfil dos atendentes lembram, geralmente, um departamento meramente administrativo, fazendo o ambiente não ter uma atmosfera hospitalar, o que, para muitos pacientes, é motivo de perturbação psicoemocional.

A possibilidade de riscos também existe, pois são locais em que há a possibilidade de realizar exames laboratoriais. Devem ser avaliados os riscos biológicos na coleta de amostras (sangue, urina, fezes) para o encaminhamento aos laboratórios, e, no caso dos consultórios odontológicos, a mesma preocupação deve existir com a biossegurança, pois os clientes-pacientes passam por análises orais e podem ser transmissores de micro-organismos causadores de doenças infecciosas, além dos riscos radiológicos e ergonômicos a que estão sujeitos profissionais e usuários. Tanto os riscos laboratoriais quanto os inerentes às atividades odontológicas, assim como alguns métodos de prevenção, são abordados neste capítulo e no Capítulo 3 deste livro, para consulta e releitura.

5.7 Unidades hospitalares

Os hospitais são as unidades de saúde mais completas, pois exigem uma estrutura arquitetônica que possibilite as práticas de Biossegurança aliadas à funcionalidade de diversos setores no mesmo complexo, como laboratórios, salas de raios X, consultórios, farmácias hospitalares, Enfermagem, unidades de emergência e outras frentes de atendimento. Aspectos acústicos, de luminosidade e características estéticas próprias do ambiente hospitalar visam proporcionar um ambiente de serenidade, bem-estar e ordem, que é imprescindível para a organização geral e a tranquilidade dos pacientes, em busca de soluções para as suas enfermidades.

Em virtude do grande fluxo de pacientes, colaboradores e visitantes, os projetos devem ter capacidade de gerir grande volume de pessoas. Setores considerados restritos e específicos devem ser monitorados, para impedir o acesso de pessoas estranhas que possam ser receptoras e transmissoras de agentes patogênicos e outros riscos. O controle de resíduos hospitalares (materiais, instrumentais, alimentos) deve seguir as diretrizes da gestão de resíduos da saúde implantadas no hospital, com locais próprios para o seu descarte e acondicionamento temporário, esterilização antes de sua destinação final ou incineração a cada turno de trabalho.

Os hospitais são grandes geradores de agentes biológicos, e o controle desses riscos tem por base o mapeamento das áreas, possibilitando a adoção de medidas preventivas e a restrição de acesso, para a prevenção dos riscos biológicos e a organização nas instalações. As áreas de um hospital são assim classificadas:

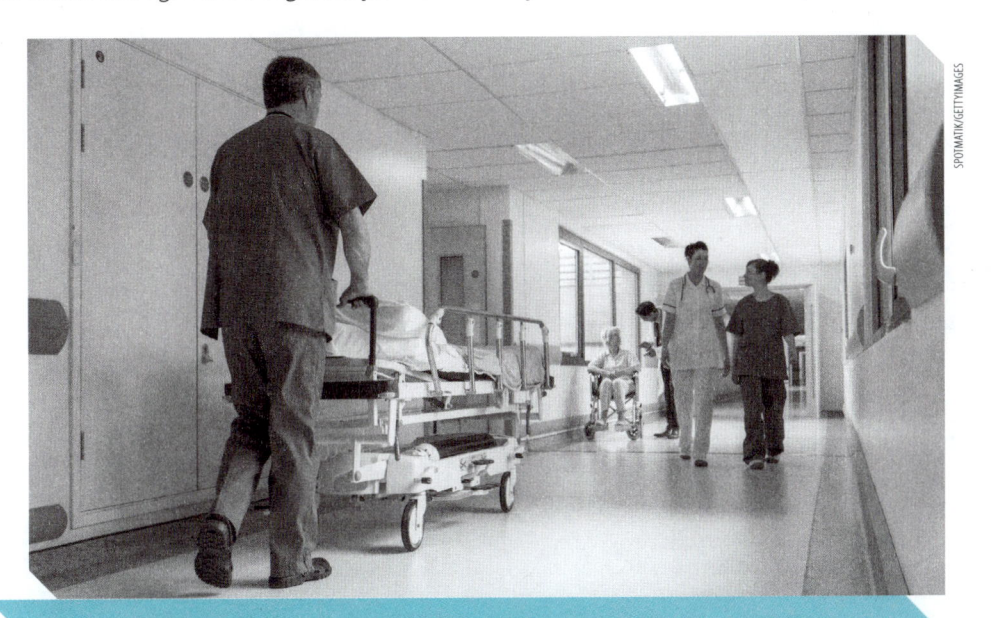

Figura 5.4 - Ambientes hospitalares devem demonstrar aspecto de higienização não só aparente; a desinfecção de paredes e pisos, com os funcionários em trajes limpos e apropriados às atividades, é item obrigatório pela legislação em saúde e vigilância sanitária.

- **Áreas críticas:** oferecem risco de infecção por procedimentos invasivos realizados, ou pela presença de pacientes suscetíveis às infecções (centros cirúrgicos, unidades de terapia intensiva, hemodiálise, banco de sangue, lavanderia etc.).
- **Áreas semicríticas:** são assim classificadas por possuírem menor risco de infecção (enfermarias, apartamentos e ambulatórios).
- **Áreas não críticas:** são as áreas não ocupadas por pacientes e com baixos riscos de infecção (escritórios, almoxarifado, consultórios).

Em relação às áreas não críticas, apesar da baixa possibilidade de contaminação, isso não significa que os riscos não existam, e medidas são necessárias para que os micro-organismos não transitem "livremente" no ambiente. O tráfego de pessoas pode permitir que se levem agentes patogênicos aos pacientes, ou para o lado externo do hospital, sendo importante a instalação de pias na entrada e na saída dos hospitais, para higienização e assepsia. Pisos e paredes também podem estar contaminados com micro-organismos, e sua desinfecção com substâncias microbicidas é muito importante na limpeza diária do hospital.

FIQUE DE OLHO!

O profissional da saúde, ao sair da unidade, deve mudar de roupa, fazer a assepsia das mãos e, quando chegar a seu domicílio, deixar as vestimentas e bens particulares de trabalho para serem limpos, antes de guardá-los, garantindo, assim, que não venha a contaminar acidentalmente sua família e a comunidade.

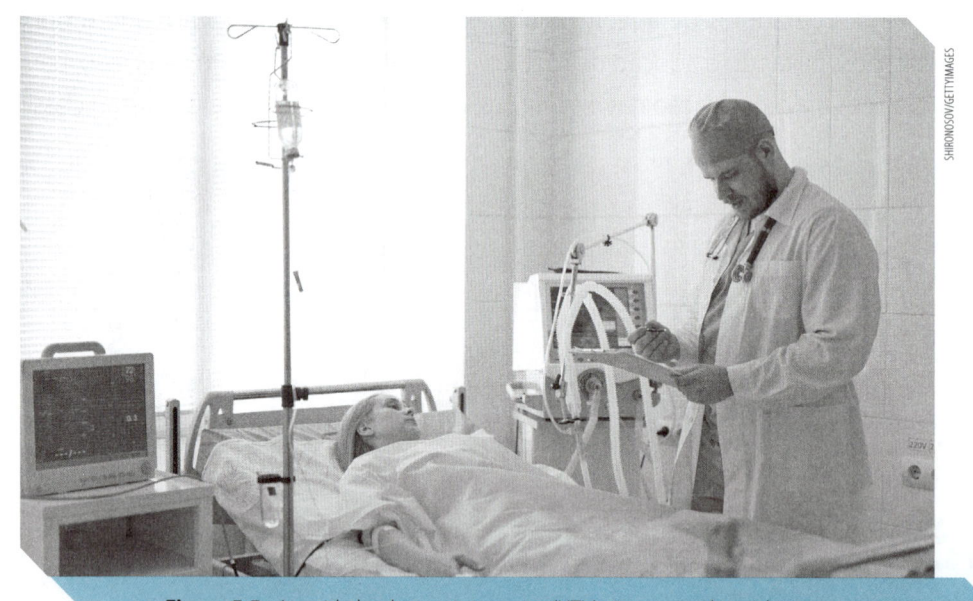

Figura 5.5 - As unidades de terapia intensiva (UTIs) são setores da saúde que requerem rigoroso ambiente salubre, pois a presença de micro-organismos patogênicos agressivos pode comprometer a recuperação do paciente e infectar o ambiente e os profissionais.

5.8 Postos e centros de saúde

Nessas unidades, destinadas ao atendimento público de saúde, os trabalhos são similares aos oferecidos por clínicas e consultórios, com serviços de consulta, encaminhamento a especialistas, exames e agendamento. No caso específico das unidades de saúde dos estados e municípios, o problema se concentra na alta demanda de atendimentos, o que significa grande fluxo de pessoas e de riscos de contaminação biológica com micro-organismos.

> **FIQUE DE OLHO!**
>
> Locais em que é frequente o contato das mãos devem, sempre que possível, ser higienizados. Para o usuário comum, a dica é: quando for a esses locais, fique atento às orientações de informativos fixados nos murais das unidades de saúde, a respeito de como realizar a assepsia e a correta lavagem das mãos.

Por serem unidades que também têm serviços profiláticos e de urgência (vacinas, soroterapia) em suas atividades, medidas de prevenção no descarte de instrumentos perfurocortantes e de resíduos sólidos contaminados, adoção de barreiras de proteção (EPIs e EPCs), as boas práticas de higienização com água e materiais assépticos e tantos outros procedimentos de biossegurança devem ser implementados, de acordo com as especialidades médicas, os equipamentos e os serviços prestados.

As áreas devem ser bem-sinalizadas e possuir meios de acessibilidade para atender os vários tipos de pacientes e usuários (crianças, idosos, portadores de deficiência física), como rampas de acesso sem degraus, elevadores, se assim couber, cadeiras de rodas e informações em braille, e também um responsável para a orientação de pessoas não alfabetizadas. Os profissionais envolvidos devem ser pessoas solícitas, serenas, educadas e bem profissionais (o que, infelizmente, nem sempre acontece), pois os postos de saúde são procurados, principalmente, por pessoas mais simples e nem sempre esclarecidas, e o sistema de triagem e atendimento nas secretarias ou na recepção deve ser organizado de modo que não ocasione extensas filas e demora, para não criar situações de estresse para todos.

> **LEMBRE-SE**
>
> A maior parte da população procura essas unidades por não ter o privilégio econômico de contar com os serviços da rede privada de saúde. Portanto, deve-se dar atenção redobrada ao risco de contaminação de profissionais e usuários. Higienização pessoal e limpeza das instalações devem ser constantes; pias largas e produtos antissépticos devem estar disponíveis nas entradas e saídas, em locais visíveis e, se possível, devem ser afixadas, em murais de parede, as instruções básicas sobre seu correto emprego e seus objetivos. Como em qualquer estabelecimento de saúde, a desinfecção de pisos e paredes com antimicrobianos e o fornecimento de água potável são outras medidas que devem ser implementadas nas unidades.

Figura 5.6 - A propagação do vírus H1N1 no mundo, que desencadeou a chamada "gripe suína", despertou a população para a importância de práticas de Biossegurança na vida diária, com divulgação na mídia de técnicas clínicas de lavagem das mãos, uso de materiais descartáveis e até assepsia com produtos antimicrobianos.

5.9 Farmácias

As farmácias são os locais encarregados da distribuição, comercialização e manipulação de medicamentos e fórmulas e estão classificadas, nominalmente, como farmácias de dispensação, manipulação e hospitalares, cujos critérios de biossegurança possuem algumas semelhanças entre si e também características próprias de cada atividade.

As farmácias de dispensação são as que comercializam os medicamentos, e, de acordo com a Anvisa, suas instalações devem prever locais apropriados para a armazenagem em local fresco e arejado; produtos de perfumaria e higiene pessoal devem estar dispostos em locais distintos dos medicamentos, e os de tarja preta (psicotrópicos) devem possuir local próprio e com controle rígido de entrada e saída. Todos os medicamentos com receituário obrigatório devem ser devidamente arquivados, para controle e fiscalização dos agentes de saúde pública. Atenção também deve ser dada para as condições das embalagens dos produtos comercializados, principalmente aqueles com materiais perfurocortantes e de potencial tóxico para a segurança de usuários, principalmente crianças, que podem ser expostas a riscos se estes tiverem seu acesso facilitado nas partes mais baixas das gôndolas.

No caso das farmácias de manipulação, os mesmos cuidados no armazenamento dos medicamentos nas farmácias de dispensação devem ser tomados, de acordo com as recomendações da Anvisa e do Ministério da Saúde. Não deve haver influência de forte calor e umidade, para não alterar as composições químicas terapêuticas dos produtos. No caso específico desse tipo de farmácia, as atividades requerem os mesmos cuidados dispensados nos laboratórios, com a diferença que há a predominância dos riscos químicos, em vez de riscos biológicos, na manipulação das drogas. Portanto, é necessária a adoção mais adequada de EPIs e EPCs nas atribuições, como luvas, máscaras, óculos de proteção, roupas e aventais apropriados para a proteção de respingos, bem como cabines específicas para os trabalhos, que incluem as etapas de prescrição médica, manipulação (aditivação e fracionamento, se houver), conservação e dispensação.

> **FIQUE DE OLHO!**
>
> A Portaria MS nº 792, de outubro de 1998, é o meio normativo que estabelece os requisitos gerais para avaliação farmacêutica, manipulação, conservação, dispensa de formulações, aditivação, fracionamento de produtos industrializados e critérios para aquisição de matérias-primas e materiais de embalagem.

O fornecimento gratuito de medicamentos nas redes hospitalares é um benefício para a população, mas também um fator importante que deve ser observado nos aspectos de segurança, já que os produtos são rigorosamente receitados para o tratamento médico. Se os riscos já são enormes na automedicação, que, infelizmente muitos usuários praticam, na compra de remédios sem obrigatoriedade de receitas, imaginem-se os danos causados em caso de armazenagem inadequada, com embalagens violadas e remédios contaminados com micro-organismos patogênicos dos ambientes hospitalares.

A orientação racional e segura sobre os medicamentos é de responsabilidade do médico e do farmacêutico responsável, e este tem como obrigação supervisionar os requisitos mínimos de seu setor, de acordo com a legislação, na aquisição dos produtos farmacêuticos, na seleção dos fornecedores e nos registros dos medicamentos, nos procedimentos administrativos e de biossegurança, nos certificados de análises e histórico dos lotes fornecidos e no controle dos receituários.

Como os medicamentos estão no hospital, os cuidados com suas propriedades tóxicas não são a única preocupação: cuidados com os riscos biológicos devem ser constantes, e as práticas de biossegurança devem estar presentes nas atividades dos profissionais, com a higienização por assepsia nos instrumentos de trabalho, no mobiliário e nas mãos, em especial quando os processos envolverem a preparação de soluções ministradas em diversas vias do paciente que podem ser fatais em caso de infecções hospitalares. Outro cuidado-padrão é o dispensado ao descarte de material, principalmente de medicamentos vencidos, quimioterápicos, perfurocortantes e com embalagens violadas. O gestor responsável pelos resíduos da saúde deve estar atento às normas específicas para o gerenciamento desses materiais, sob as orientações e diretrizes da vigilância sanitária.

5.10 Unidades de saúde diversa

Os serviços prestados na área da saúde possuem várias especialidades e aplicações, bem como objetivos diversos, e as práticas de biossegurança devem estar sempre presentes, na adoção de procedimentos de higienização dos profissionais, de desinfecção dos ambientes, de implantação de barreiras de proteção, de organização laboral e treinamento dos colaboradores e especialistas, de descarte de resíduos sólidos e outros materiais infectantes, de ações em situações de emergência, entre outros fatores importantes. É preciso estar atentos às recomendações das principais leis e normas técnicas, na atualização de informações congêneres e na continuidade de estudos e pesquisas.

Outras unidades e atividades ligadas à área de Saúde Pública e Pesquisa Microbiológica em que os aspectos de biossegurança são importantes para a prevenção de riscos biológicos com agentes patogênicos são:

- **Bancos de sangue:** destinados à recepção de doadores de sangue e derivados, seus estoques devem ter rigorosíssimos controles de manipulação, acondicionamento e armazenamento dos componentes. Sangue e derivados coletados devem atender a rigorosos controles sorológicos e ser submetidos a severos exames médicos, além do levantamento histórico-clínico do doador. Os processos de manipulação, fracionamento e acondicionamento, bem como toda a parte operacional e profissional envolvida, devem estar em concordância com as boas práticas e os programas de prevenção de biossegurança, e também atender às recomendações normativas do Ministério da Saúde e da Anvisa.

- **Assistência médica domiciliar:** são serviços prestados por médicos ou profissionais de Enfermagem diretamente nos domicílios dos pacientes, quando as condições permitem. Geralmente são serviços particulares pagos pela família ou por planos de saúde privados, o que não dispensa cuidados com a biossegurança do profissional, do paciente e de outros usuários. Devem ser observados os procedimentos-padrão para a prevenção de contágios com micro-organismos e as condições de trabalho, como: condições sanitárias do domicílio (banheiros, leito, cozinha) e condições de instalações (iluminação, refrigeração). Além de cuidados específicos de cada patologia, o profissional deve seguir as recomendações de boa práticas de biossegurança, como assepsia antes e no final dos trabalhos, utilização de EPIs de acordo com as necessidades e outras recomendações técnicas e legais para o atendimento particular, inclusive, no descarte dos resíduos gerados em compartimento específico, para a sua destinação adequada e segura posteriormente.

- **Setores de ensino e treinamento técnico-científico-acadêmico:** voltados para estudos e pesquisas da área médica, da biológica e outros de caráter científico e acadêmico. São grandes as probabilidade de contágio com micro-organismos, principalmente por envolver manipulação de partes anatômicas de seres vivos (sangue, vísceras, órgãos, tecidos, fluidos orgânicos etc.). Estudantes e profissionais devem receber treinamento específico para as práticas de biossegurança (higienização, assepsia, utilização de EPIs, adoção de procedimentos seguros) e, no caso do aluno inexperiente, deve estar sempre acompanhado pelo responsável técnico e por acadêmicos das atividades.

AMPLIE SEUS CONHECIMENTOS

O cartunista Henfil

Henrique de Sousa Filho, o Henfil (1944-1988), foi um grande cartunista, escritor e jornalista brasileiro e trabalhou em grandes meios de comunicação de rádio, TV e jornalísticos, como a extinta revista *O Cruzeiro*, Rede Globo, *Placar*, *Visão* e principalmente no jornal *O Pasquim*, lendário periódico anárquico, bem-humorado e que continha artigos e charges em oposição à ditadura militar. Após uma transfusão de sangue, Henfil foi contaminado com o vírus HIV e, no auge da carreira, faleceu em razão das complicações decorrentes da Aids. Tal acontecimento repercutiu negativamente na cooperação de possíveis doadores, levantando dúvidas sobre a eficácia da Biossegurança nos bancos de sangue, e, após toda a mobilização da sociedade, da mídia e dos orgãos de saúde e vigilância sanitária, vários procedimentos de biossegurança foram implementados com sucesso, para a segurança de doadores, receptores e profissionais envolvidos.

Para conhecer mais o trabalho de Henfil, visite o link: <http://www.centrocultural.sp.gov.br/gibiteca/henfil.htm>. Acesso em: 17 out. 2019.

5.11 Biossegurança em outras atividades sociais

Apesar de conceitualmente o termo biossegurança ter como objetivo inicial a adoção de procedimentos voltados para a prevenção, controle, redução e eliminação de materiais biológicos que possam trazer danos à saúde pública, às atividades laborais e ao meio ambiente, é importante lembrar que a prática de boas ações de biossegurança pode, e deve, ser estendida a outras atividades sociais e profissionais, não apenas na área laboratorial, como na área acadêmica e na área de saúde pública.

Para isso, é necessário que se tenha conhecimentos básicos dos procedimentos a serem adotados e ciência dos riscos inerentes de cada atividade, além dos aspectos legais que devem ser fiscalizados e cobrados. Em resumo, a educação e a conscientização a respeito dos riscos biológicos e suas consequências são de suma importância para a sua prevenção, por exemplo, em:

- restaurantes, bares e lanchonetes;
- salões de beleza e clínica de estética;
- estúdios de tatuagem e *piercing*;
- academias de musculação, natação e outras atividades esportivas.

Há diversas atividades que requerem a adoção de cuidados na questão de biossegurança, nas quais procedimentos preventivos são necessários para a não contaminação por agentes patogênicos, como os trabalhadores envolvidos em prestação de serviços de sepultamento, limpeza pública e atividades de trabalho em campo.

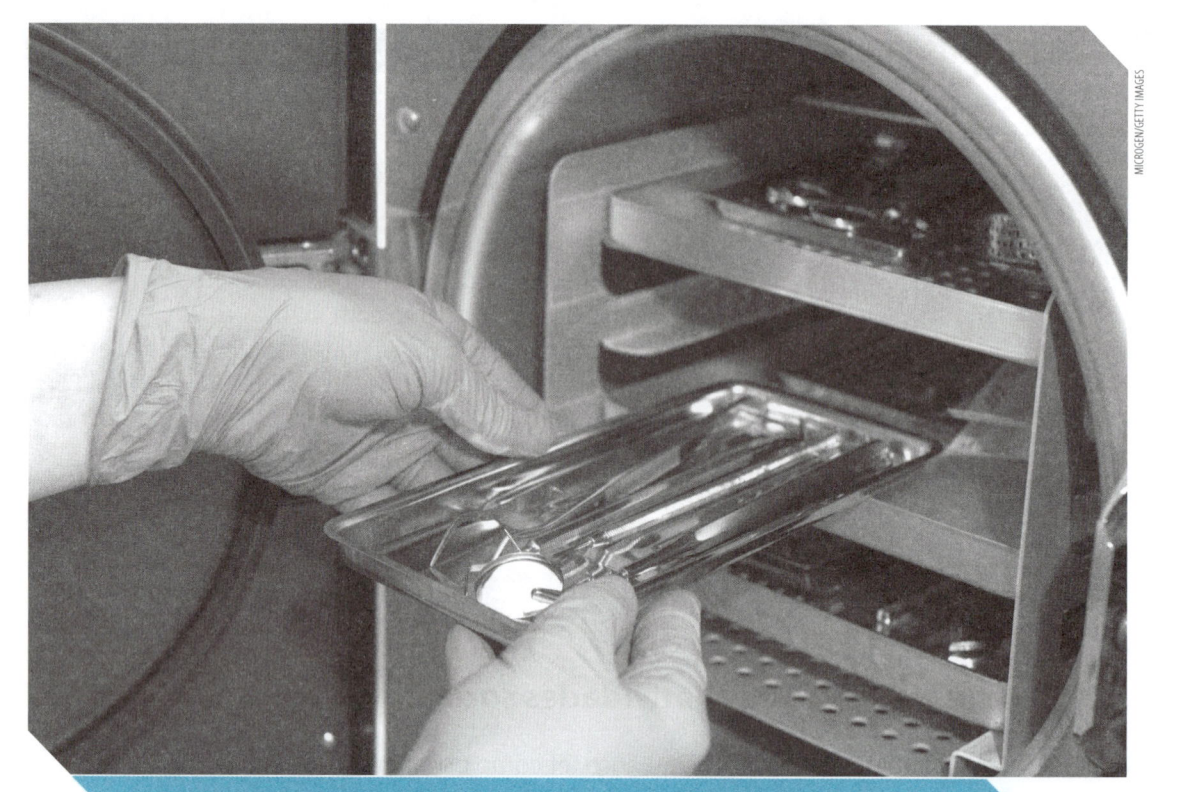

Figura 5.7 – O autoclave é um aparelho utilizado para esterilizar materiais e artigos médico-hospitalares por meio do calor úmido, mas também de uso obrigatório em salões de beleza, estúdios de tatuagem e *piercing* e clínica de estética.

5.11.1 Risco biológico na indústria de alimentos

O beneficiamento de frutas, legumes, sementes e hortaliças pela agroindústria têm como finalidade a sua comercialização para as redes atacadista e de varejo e, para isso, incluem-se melhorias nos produtos que alteram sua aparência, higiene, tamanho e qualidade, atendendo, assim, as exigências do mercado e das principais normas de saneamento.

O mesmo objetivo tem a indústria de processamento de carne, pois nessa atividade são desenvolvidas várias linhas de produtos com grande valor agregado à matéria-prima, que vão desde cortes *in natura* já embalados para o consumo direto (restaurantes, hotéis, supermercados etc.), até a fabricação de derivados (linguiça, mortadela, salsicha, salame, presunto, charque e itens diversos).

A industrialização e a comercialização de alimentos requer diversos cuidados, pois, se negligenciados, podem representar sérios riscos de contaminação biológica, desde aos trabalhadores da linha de produção até ao consumidor final. Esses cuidados devem desenvolver uma gestão eficiente de higiene em seus processos conforme as instruções normativas da Anvisa.

Os agentes biológicos são diversos e podem incluir resíduos particulados de farinha, pelos, peles ou vísceras de animais e dos seus subprodutos, além de fungos e endotoxinas bacterianas. Sua inalação, ou mero contato, pode ocasionar doenças alérgicas e infecciosas como psitacose, brucelose, leptospirose, toxoplasmose, listeriose e erisipeloide.

Figura 5.8 – A produção do leite e seus derivados requer elevado controle em sua higienização, devido ao alto risco de contaminação dos seus produtos e geração de resíduos bacteriológicos.

Porém, a prevenção de contaminação nos alimentos antecede o início de processamento de alimentos, tendo em vista as diversas doenças que podem ser transmitidas em sua origem, principalmente na pecuária, em que os critérios de higienização e manuseio de materiais devem ser extremamente rigorosos nas etapas de criação e abate, com o intuito de controle e erradicação de doenças muito divulgadas nas mídias, que trouxeram grande preocupação para a sociedade, como a "doença da vaca louca" e a "gripe suína". Esse assunto será abordados no Capítulo 6 deste livro.

/// VAMOS RECAPITULAR?

Neste capítulo vimos os tipos de unidades de saúde e a necessidade de instalações adequadas para as práticas de prevenção na biossegurança.

AGORA É COM VOCÊ!

1. Em ambientes hospitalares, o que são áreas semicríticas?
2. O que são bancos de sangue?
3. O que são farmácias?

6

DOENÇAS E SAÚDE PÚBLICA

PARA COMEÇAR

Neste capítulo será abordada a importância da biossegurança nos setores produtivos, em especial, na criação de animais da avicultura e bovina, e as doenças mais conhecidas como a gripe aviária, as doenças de Newcastle e de Marek, a gripe da "vaca louca" e a febre Aftosa, além da temível gripe suína, e outras, que diretamente ou indiretamente podem afetar a saúde pública e as atividades econômicas.

6.1 Biossegurança nas atividades rurais

São consideradas atividades rurais a exploração e o processamento de produtos derivados da agricultura, pecuária, silvicultura e similares. Para conhecer os impactos ambientais gerados por essas atividades e as devidas medidas mitigadoras, as metodologias de produção devem ser analisadas a fim de reduzir os efeitos nocivos sem perda dos benefícios socioeconômicos dessas atividades.

A ausência de uma gestão operacional e administrativa adequada em qualquer empreendimento pode ocasionar sérios transtornos de ordem econômica em qualquer atividade produtiva, e, no que diz respeito à criação de animais voltados para o abastecimento de alimentos, representa altos riscos para a saúde pública, além de impactos ao meio ambiente e insalubridade na área laboral.

Em relação à avicultura, o Brasil é um dos maiores exportadores de frango do mundo e, para a manutenção dessa posição de destaque no cenário internacional, é de suma importância a constante melhoria na prevenção de doenças aviárias nos setores produtivos, ampliando sempre sua área de atuação e investigação de possíveis focos.

Tendo como referência as recomendações da Organização Mundial de Saúde Animal (OIE) e outros órgãos oficiais relacionados a serviços veterinários e de abastecimento, as ações de biosseguridade devem ter como objetivos a adoção de medidas que visem a prevenção, a contenção e a eliminação de doenças nos criadouros – como a influenza viária, a doença de Newcastle, a doença de Marek, a Salmonelose, entre outras.

Entre as principais medidas para atender os aspectos sanitários nos aviários, a limpeza e a higienização são imprescindíveis, incluindo bebedouros, comedouros, equipamentos e utensílios, caixa d'água, tubulações, paredes, tetos, bem como na área externa; e quando detectado algum sinal de infecção nos animais, invariavelmente devem ser sacrificados.

No entanto, apesar da simplicidade das medidas de prevenção aqui citadas, veremos nos próximos tópicos que há outros pormenores a serem observados. Além disso, uma breve análise de algumas doenças é necessária para entender a importância da adoção de medidas de biossegurança nos setores produtivos do agronegócio, pois direta ou indiretamente acabam trazendo danos à saúde pública.

Figura 6.1 - O confinamento de gado é muito usado para garantir a não contaminação dos animais, desde que tomadas as devidas medidas preventivas.

6.2 Influenza aviária

A influenza aviária, conhecida popularmente como "gripe do frango", é uma doença sistêmica que acomete as aves domésticas e, devido à sua alta patogenicidade, pode ser letal. Apesar de haver registros do seu surgimento em décadas anteriores, a doença ganhou notoriedade a partir de 1997, após a sua disseminação ocorrida em Hong Kong, e, consequentemente, resultou em vítimas fatais, além do sacrifício de milhares de frangos contaminados.

A gripe aviária é causada por uma mutação do vírus Influenza A (H5N1) e suas outras variações (H7N7, H7N9 e H9N2), e, comumente, o contágio é feito por meio de contato com as aves doentes, apesar de casos de transmissão por humanos já terem ocorrido, inclusive com óbitos confirmados pela Organização Mundial da Saúde (OMS), em 2007, no Paquistão. Porém, esse tipo de transmissão contínua sendo muito rara –

não impossível –, pois o vírus H5N1 é capaz de sobreviver por longos períodos de tempo e qualquer pessoa que teve contato com fezes e saliva das aves doentes pode transmitir a doença para outro ser humano de forma direta ou indireta.

Sabe-se, também, que o vírus H5N1 é capaz de sobreviver no meio ambiente por longos períodos de tempo, de modo que a infecção pode ser transmitida por meio do simples contato com superfícies contaminadas. Além disso, as aves que são infectadas com a gripe podem continuar a transmitir o vírus pelas fezes e pela saliva por até dez anos.

Os principais sinais e sintomas da gripe aviária se assemelham aos da gripe convencional, como, tosse, garganta inflamada, dor de cabeça e muscular e falta de ar e, em alguns casos, náuseas, vômito, diarreia e conjuntivite. Além disso, em alguns casos mais graves, as complicações podem se estender a uma pneumonia, colapso pulmonar, insuficiência respiratória e renal crônica e problemas de coração, podendo levar a vítima a óbito.

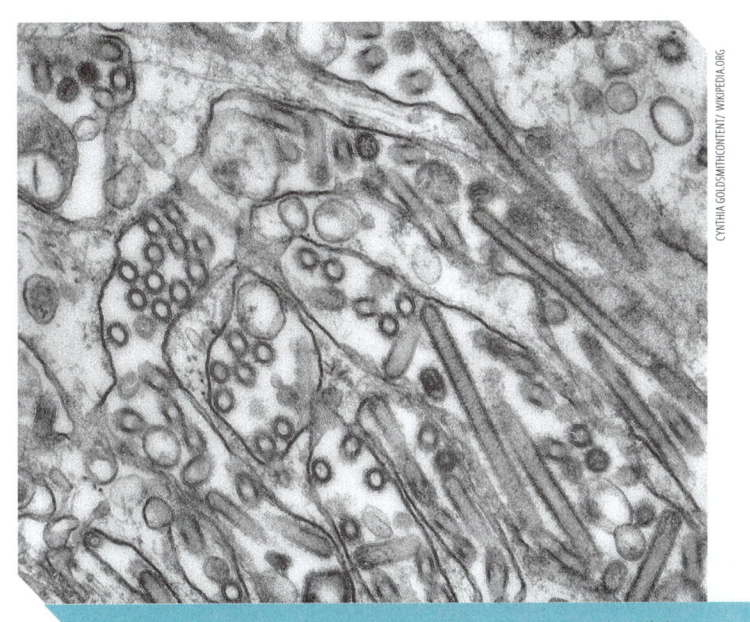

Figura 6.2 - H5N1 atacando as células células MDCK, que são células normais.

A detecção da gripe aviária é diagnosticada por meios de testes de laboratório, geralmente por meio de fluidos e secreções do nariz e da garganta do paciente, quando do surgimento de sintomas da doença, além de outros exames tradicionais como a coleta de sangue e raios X, com os quais o médico especialista verificará o melhor tratamento a ser receitado, o que tem sido um complicador, pois muitos casos dos vírus da gripe vêm se mostrando resistentes aos medicamentos antivirais ministrados.

No que se refere à prevenção, na maioria das pesquisas e notícias envolvendo a produção de vacinas, as informações ainda são um tanto incertas e desencontradas e muito se deve à capacidade do H5N1 de se adaptar a seu hospedeiro e por meio de suas mutações genéticas. Mesmo assim, é orientado à polução a adoção de vacinas preventivas contra a gripe "comum" e em menores intervalos de tempo entre suas aplicações, de modo a atenuar a agressividade da doença em caso de contágio.

É bom lembrar que o vírus não acomete apenas às aves domésticas, mas também à aves silvestres, podendo, em um processo migratório, expandir ainda mais o alcance da doença, levando a uma pandemia. Em relação ao Brasil, a chegada do vírus no país é muito pequena, pois as aves migratórias na América tendem a não ter contato com as aves da Europa e da Ásia, regiões nas quais a doença mais se disseminou. Ainda assim, é necessário ficar atento, pois a doença pode entrar em nossas fronteiras por meio de produtos importados ou pessoas oriundas de locais comprovadamente infectados. Nesses casos, é importante que se tomem as providências, como barreiras e contenções de acordo com as normas de vigilância epidemiológicas nacionais e internacionais.

6.3 Doença de Newcastle

A Doença de Newcastle (DN) é uma doença infecciosa viral que afeta diversas aves domésticas e silvestres. Ao lado da Influenza Aviária, é uma das duas enfermidades de maiores preocupações na fiscalização epidemiológica na avicultura, na qual está incluído no Programa Nacional de Sanidade Avícola (PNSA) do Ministério da Agricultura, Pecuária e Abastecimento, devido às perdas econômicas que pode causar em seu segmento.

A DN é causada por um vírus da família *Paramyxoviridae*, classificado como *paramixovírus aviário 1* (APMV-1), sendo que há nove sorotipos descritos de *paramixovírus* aviários, designados como APMV-1 a APMV-9, e pode ser transmitida por meio de materiais contaminados pelas fezes e secreções das aves doentes, e as principais fontes de contaminação são água, alimentos, equipamentos, veículos, cama do aviário ou as próprias aves doentes ou mortas.

O primeiro surto ocorreu em 1926, em Newcastle, na Inglaterra, e por esse motivo a doença recebeu seu nome. Apesar disso, registros históricos também indicaram o seu surgimento em Java, na Indonésia, na mesma época. No caso do Brasil, a DN teve o seu primeiro relato de surto em 1953, nas cidades de Belém (PA) e Macapá (AP), sendo considerada a doença mais letal na criação industrial de aves, devido aos custos de erradicação e enfrentamento dos surtos, além dos impactos econômicos gerados no mercado de exportação, pois as perdas são consideráveis durante a interdição dos focos produtores.

Os principais sintomas da doença nas aves são tosse, espirros, lacrimejamento e corrimento nasal, além de mudança de comportamento, sinais nervosos, diarreia e alta mortalidade dos animais, quando em seus aspectos mais agressivos. No caso de transmissão em humanos, pode ocorrer em funcionários de frigoríficos, laboratoristas e afins, com sintomas de conjuntivite com hiperemia, lacrimejamento, edemas nas pálpebras e hemorragia. Apesar de não haver relatos de óbitos oficialmente confirmados, pode haver agravamento na saúde do paciente por meio de alguma bactéria oportunista. Nesses casos, é indicada a utilização de equipamentos de proteção individual (EPI), como, luvas, óculos, aventais e máscaras de proteção específicas.

Além dos aerossóis contaminados e a excreção de fezes, a transmissão pode ocorrer por meio de roedores e insetos, principalmente em criação de aves de subsistência e de pequeno porte. Assim, a pseudopeste aviária, como também é conhecida a doença de Newcastle, deve ser analisada amplamente, tendo em vista que não atinge apenas os aspectos econômicos, mas os aspectos sociais também, e nem sempre o pequeno produtor terá acesso à informação dos principais pontos de prevenção, o que pode fazer com que surjam focos de disseminação bacteriológica.

Em se tratando de prevenção, assim como a Influenza Aviária, devem ser observadas as medidas de biossegurança que visem os aspectos de saneamento para a não ocorrência e disseminação da doença. Essas medidas devem abranger a criação, a industrialização, a exportação e a importação de aves domésticas e silvestres, além dos seus subprodutos, e, como foi já citado neste capítulo, no Brasil, são regulamentadas pelo Ministério da Agricultura, Pecuária e Abastecimento, por meio de diversas normas e diretrizes técnicas.

6.4 Doença de Marek

Também conhecida como Paralisia das Aves, a "Doença de Marek" causa tumores nos nervos, rins, baço, fígado, intestinos, coração e músculos das aves, e recebeu esse nome devido ao pesquisador húngaro Josef Marek, que, em conjunto com outros pesquisadores, descreveu em 1907 a paralisia parcial dos frangos, em que diagnosticou lesões microscópicas no encéfalo, coluna vertebral e nervos periféricos, associando a diversos tumores malignos no animal.

Seu agente etiológico é um *alphaherpesvirus* ou *gallid herpesvirus 2* e tem como uma de suas principais características conseguir sobreviver por mais tempo em ambiente frios, fato este que aumenta a probabilidade de ocorrer a doença nos períodos de inverno. Também é importante salientar que o Vírus da Doença de Marek (VDM) não representa risco à saúde humana, pois o mesmo não se desenvolve em células de mamíferos.

Assim como nos seres humanos, os sintomas variarão de acordo com a localização dos tumores e podem ser encontrados nas vísceras das aves (Marek visceral), no sistema nervoso central e periférico (Marek neural), no globo ocular (Marek ocular) e na pele (Marek cutânea). Apesar de sinais clínicos como o alargamento do nervo isquiático e a presença de nódulos em órgãos internos poderem caracterizar a presença da doença, exames histológicos são necessários para a ratificação das suspeitas.

Conhecida como a primeira doença tumoral prevenida por vacinação da história, seus estudos têm servido como base científica para a análise de alguns tipos de tumores em humanos e, como não há tratamento para a doença, as aves devem ser vacinadas no primeiro dia de vida, por meio da orientação de um especialista veterinário. Além disso, devem ser feitos os procedimentos de praxe, como a higienização e o acondicionamento correto dos animais, inclusive a separação das aves doentes, o que não garante uma segurança de contágio totalmente eficaz, tendo em vista que o VDM é presente em quase todo ambiente de aviculturas.

Porém, veremos nos próximos tópicos que a questão da biossegurança não deve ser centro de preocupações apenas na avicultura, mas também de outro setor importante para a economia nacional: a pecuária.

Figura 6.3 – Quando em contato com a ração contaminada, pombos são grandes transmissores da Doença de Newcastle e de outras doenças aviárias, principalmente em aves silvestres.

6.5 Doença da vaca louca

A pecuária é uma atividade ligada à criação, domesticação e produção de animais com fins comerciais, na qual a finalidade é abastecer o mercado consumidor, sendo a carne bovina uns dos seus principais itens de exportação, que, somando miudezas, *in natura* e outros produtos industrializados, alçou o Brasil como um dos maiores exportadores do mundo.

Enquanto na pecuária extensiva os animais são criados soltos em grandes extensões de terra, a característica da pecuária intensiva tem como pontos fortes os cuidados relacionados à saúde, alimentação balanceada, criação mais confinada, entre outros fatores que visam o aumento da qualidade e produtividade. Nela, uma doença, entre outras, é fator de preocupação entre os produtores e criadores: "a doença da vaca louca".

Essa doença, denominada encefalopatia espongiforme transmissível (BSE), é uma doença neurológica que acomete bovinos e foi diagnosticada pela primeira vez em 1986. Virou uma epidemia em 1990 em vários rebanhos bovinos em países da Europa, bem como risco à saúde pública por estar relacionada à encefalopatia que acomete os seres humanos, assunto que também será abordado neste capítulo, conhecida como doença de Creutzfeldt-Jacob (CJD).

Apesar de não ser cientificamente comprovada, especialistas apontam que a BSE pode ter como causa a utilização de alimentos expostos ao príon (Partículas Infecciosas Proteicas - *Proteinaceous Infections Particles*), um agente infeccioso composto por proteínas com forma aberrante, que são fornecidos aos bovinos. Como a doença se trata de uma degeneração cerebral, sua incubação pode variar de 1 a 8 anos, tempo de desenvolvimento patológico um tanto incerto, que aliado ao desconhecimento da doença e as suas causas, foi responsável pela epidemia citada anteriormente.

A doença não tem cura e os principais sintomas estão relacionados ao comportamento do animal, como menor tempo de ruminação, aumento na frequência de lambidas no focinho, espirros, contração do focinho, esfregar da cabeça, ranger de dentes e sensibilidade aumentada, e, após as primeiras manifestações, pode vir a morrer em até 3 meses. Além da observação puramente empírica, o diagnostico também é feito por meio de exames histológicos para a comprovação da doença.

Como não há tratamento, invariavelmente o animal é sacrificado, e o melhor meio de controle é a não utilização de produtos proteicos provenientes de ruminantes na dieta de bovinos, isto é, nada mais do que farinha com carne e ossos reciclados também de carne bovina. Deve ser evitado que carne e leite de animais contaminados sejam utilizados na alimentação humana, principalmente de regiões que não adotam esse tipo de prática de biossegurança dos seus rebanhos ou que tenham um histórico recente de contaminação, além de outras diretrizes técnicas de oficiais de vigilância sanitária animal.

6.5.1 Doença de Creutzfeldt-Jakob

A Doença de Creutzfeldt-Jakob (DCJ) é uma doença neurodegenerativa que ocasiona diversas lesões cerebrais, causando demência e distúrbios no portador, como perda de memória, tremores, visão alterada, falta de coordenação motora, contrações involuntárias, confusão mental, entre outras perdas neurológicas. Foi descoberta pelos neurologistas Hans Creutzfeldt (1885-1694) e Alfons Maria Jakob (1884-1931), na Alemanha, em 1920, e a sua rápida evolução geralmente leva à morte.

As lesões se desenvolvem por meio de agentes infecciosos chamados prion, citados anteriormente, pois se tratam de partículas proteicas infecciosas que provocam alterações espongiformes nos cérebros humanos. Suas causas têm como origem questões hereditárias ou transmissão por contaminação, como, na alimentação. Essa doença é rara e alcançou destaque na mídia após os casos da epidemia da doença da "vaca louca", já que casos de Encefalopatia Espongiforme Transmissível começaram a surgir nessa época, tendo existido uma correlação entre as ambas doenças que acometeram aos animais e humanos.

Essa relação acontece da mesma forma que a transmissão da doença da vaca louca, ou seja, pessoas comeriam a carne bovina e de outros animais contaminados com uma variação do agente infeccioso. No entanto, há de se ratificar que existem casos de contaminação por meio de materiais biológicos contaminados resultantes de procedimentos médicos, principalmente de instrumentos neurocirúrgicos.

Porém, tanto a transmissão da doença por meio da ingestão alimentar, quanto por materiais infectados é minoria, já que a forma exata de transmissão é desconhecida. Assim, isso pode supostamente caracterizar hereditariedade ou má formação genética nas vítimas acometidas da doença, o que dificulta a prevenção do surgimento da DCJ.

Em resumo, o diagnóstico dependerá de avaliação clínica, por meio de tomografia computadorizada, ressonância magnética ou eletroencefalograma para a detecção de anomalias neurológicas. No que se refere à transmissão da doença por meio da ingestão, o principal procedimento de prevenção é a não importação de carne contaminada, ruminantes e derivados de regiões que tenham um histórico recente e comprovado de contaminação.

6.6 Febre aftosa

Outra doença de grande preocupação do setor pecuarista é a febre aftosa. Trata-se de uma doença de natureza aguda e febril, que tem como característica atacar animais biungulados e, ao contrário do que se pensa, não acomete apenas os animais bovinos, mas também bubalinos, ovinos, caprinos, suínos e até animais silvestres, como, a capivara.

A febre aftosa é causada por um vírus RNA, pertencente à família *Picornaviridae*, gênero *Aphtovirus*, e tem como principais sintomas aftas na boca e nas gengivas, feridas nas patas e nas mamas, febre, perda de peso e dificuldade para pastar e produzir leite. Pode ser transmitida por meio do leite, da carne e, especialmente, pela saliva do animal, que acaba contaminando tudo a sua volta e por onde passa, como a água, o ar, objetos, pasto, currais, carretos de transporte etc. Os animais mais jovens são mais suscetíveis a contaminação.

A perda comercial é muito significativa, pois devido às feridas na boca o animal tem dificuldade para se alimentar, o que acaba influenciando negativamente no processo de engorda e na produção de leite. Com a sua transmissão extremamente mecânica, o contágio pode alcançar longas distâncias do seu foco original, resultando em barreiras comerciais aos exportadores, mesmo se não houver comprovação de contaminação dos animais e seus subprodutos.

A prevenção da doença no Brasil é realizada por meio da vacinação semestral obrigatória, feita a partir do terceiro mês de nascimento do animal, e apesar de ser muito raro, há a possibilidade de transmissão aos seres humanos, provocando sintomas muitos parecidos com os dos animais infectados. Ocorre invariavelmente em pessoas que tenham tido contato com os agentes virais de forma direta e indireta, sendo muito comum entre trabalhadores da área pecuarista produtiva ou de subsistência. Evitar o contato com os animais doentes e o não consumir a carne e o leite não pasteurizado desses animais são as principais formas de prevenção a serem adotadas e, geralmente, o tratamento baseia-se em analgésicos e antitérmicos tradicionais.

Quando levantada a suspeita de foco da doença, o responsável pelo rebanho deve comunicar imediatamente ao serviço veterinário local, para que sejam tomadas providências que não permitam o alastramento do vírus, que, entre outras etapas, pode abranger a proibição de circulação de animais e pessoas, a interdição da propriedade e coletas de amostras dos animais infectados para o envio de laboratórios oficiais. Se o diagnóstico constatar foco de febre aftosa, além da desinfecção da área, será determinado o sacrifício dos animais.

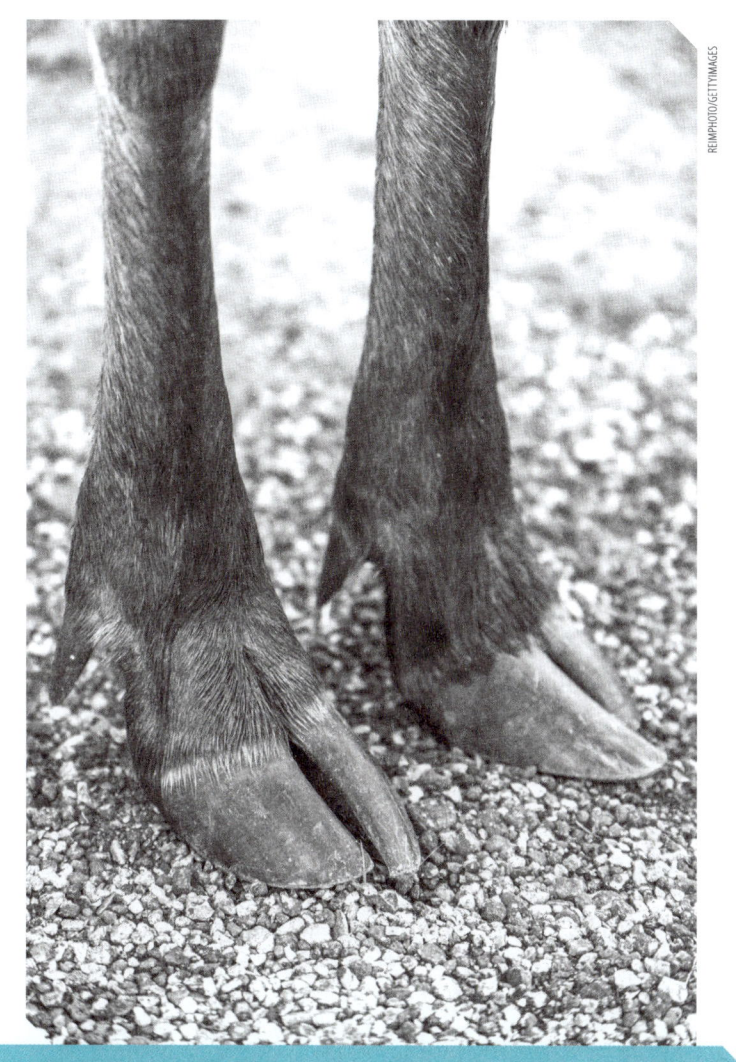

Figura 6.4 – Animais biungulados são aqueles que têm como característica os cascos com duas unhas.

6.7 Gripe suína

Motivo de pânico no mundo todo, a gripe suína é uma doença provocada pelo vírus H1N1, que, por sua vez, é um subtipo do influenzavírus do tipo A. Apesar de a sua origem ser desconhecida, especialistas indicam que o seu surgimento pode ser a combinação genética do vírus humano da gripe, da gripe aviária e do vírus da gripe suína, o que acabou derivando o seu nome.

Entre abril de 2009 e agosto de 2010, a doença vitimou mais de 18.000 pessoas no mundo, sendo que a sua transmissão ocorre principalmente por meio do contato direto ou indireto com objetos contaminados e seres humanos infectados por via aérea, partículas salivares e secreções respiratórias. Sua incubação pode ocorrer entre 2 a 5 dias. O curioso é que a transmissão do vírus entre os porcos geralmente não resulta mais mortalidades e não há comprovação científica de transmissão por meio do consumo de carne de porco, ou seja, a tese mais aceita é que o contágio seja realizado de humanos a humanos, pela sua estirpe até então desconhecida que é a influenza tipo A. Apesar de não haver um consenso, a transmissão por meio do contato com os animais é improvável, porém são recomendadas práticas de biossegurança sanitárias, em especial aos trabalhadores rurais.

Os sintomas da gripe H1N1 se assemelham ao da gripe comum, podendo migrar para sintomas mais graves, como, febre alta, dores musculares e de garganta, tosse, coriza, vômitos, cansaço, diarreia, entre outros. A medicação deve ser indicada exclusivamente por meio de orientação médica, tendo em vista que a automedicação pode comprometer o tratamento. Em relação à prevenção médica, a vacinação contra a influenza tipo A deve ser aplicada preferencialmente a idosos com mais de 60 anos, pessoas com doenças crônicas não transmissíveis, crianças entre 6 meses e 5 anos, profissionais de saúde, população indígena e presidiários. A vacinação não é recomendada a pessoas com grave alergia a ovo.

Tendo em vista o pânico que tomou conta da população na época da epidemia, práticas simples de biossegurança para a proteção contra o vírus foram largamente divulgadas na mídia, como:

- lavar, sempre que possível, as mãos com bastante água e sabão;
- utilizar produtos à base de álcool para desinfecção;
- jogar fora os lenços descartáveis usados;
- evitar aglomerações e o contato com pessoas doentes;
- não levar as mãos aos olhos, boca ou nariz depois de ter tocado em objetos de uso coletivo;
- não compartilhar copos, talheres ou objetos de uso pessoal.

Além dessas medidas, também foi recomendado não viajar para lugares com histórico de casos da doença e, no caso de surgimento de sintomas, procurar assistência médica imediatamente.

6.8 Salmonelose

A salmonelose é uma infecção transmitida pelas bactérias *Salmonella bongori* e *Salmonella enterica*, e invariavelmente é causada pela ingestão de alimentos crus ou pela falta de higiene na manipulação dos alimentos, em especial, ovos, frangos, leite não pasteurizado e derivados, bem como a água. Crianças mal nutridas, idosos e pessoas imunodeprimidas são o grupo de risco com maior potencial a desenvolver a doença.

Os principais sintomas são diarreia, vômito e náuseas. O paciente deve ser conduzido ao médico, que providenciará o diagnóstico por meio de exame de fezes e, assim, detectar a presença de bactérias. Normalmente, o médico ministrará antibióticos, além de soros para a hidratação do paciente, tendo em vista a perda líquida corporal por causa da diarreia, e os casos de bacteremia costumam ser raros, mas há a possibilidade de progressão da doença.

Como foi abordado em todo o livro, a higienização é a principal medida de prevenção a riscos patogênicos e, no que diz respeito à salmonelose, não seria diferente. Portanto, é importante adotar medidas simples de precaução, que muitas vezes são negligenciadas, como:

- lave as mãos com frequência antes das refeições, e na manipulação dos alimentos;
- evite consumir carne crua ou malpassada, inclusive ovos e alimentos industrializados;
- beba só leite pasteurizado ou fervido;
- lave bem verduras, legumes e frutas;
- lave bem os utensílios de cozinha;
- mantenha ovos sob refrigeração.

É também bom ressaltar, que se forem constatados diversos casos de infecção de salmonela, a Anvisa deve ser comunicada. É muito importante que seja feita a averiguação e a fiscalização de pontos de alimentação, como restaurantes e lanchonetes, que podem estar transmitindo as bactérias por falta de asseio em suas atividades.

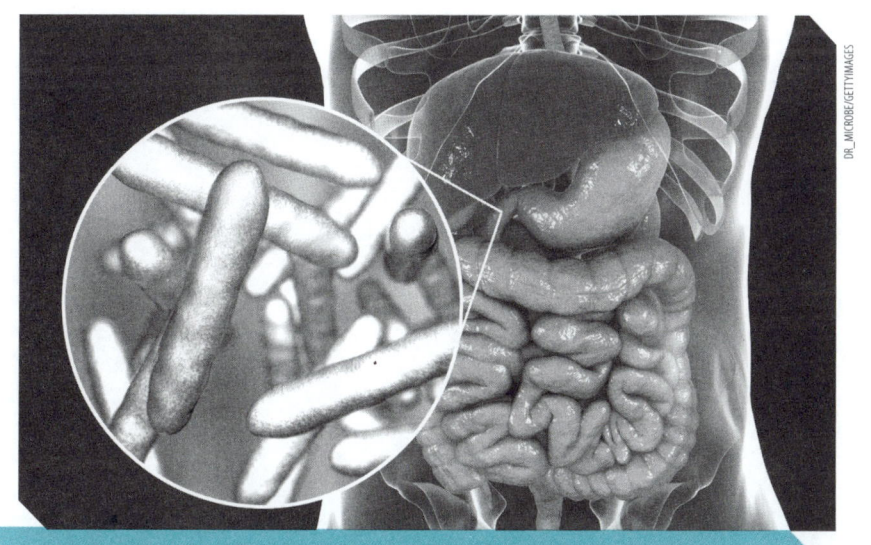

Figura 6.5 – A bactéria geralmente infecta o trato digestivo, mas pode viajar pela corrente sanguínea e infectar outras partes do corpo.

VAMOS RECAPITULAR?

Neste capítulo estudamos sobre a adoção de procedimentos de biossegurança no setor pecuarista e as principais doenças decorrentes em caso de contaminação dos animais.

DOENÇAS E SAÚDE PÚBLICA

AGORA É COM VOCÊ!

1. Além das doenças abordadas neste capítulo, pesquise outras que possam ser transmitidas na criação de animais, inclusive em outras culturas (caprinos, ovinos, piscicultura etc.)

2. Que tipo de procedimentos técnicos deve ser adotado para evitar a contaminação patogênica de animais, tanto na importação quanto na exportação de carnes *in natura*, de acordo com as normas internacionais?

3. É possível a transmissão das doenças estudadas no capítulo por meio de outros gêneros alimentícios, como bebidas ou cereais?

4. Faça um relatório contendo tipos de atividades da vida social que requeiram práticas de biossegurança para prevenção da transmissão de doenças.

BIBLIOGRAFIA

ALAGOAS. Prefeitura de Maceió. Secretaria-Executiva de Saúde. Laboratório Central de Saúde Pública Doutor Aristeu Lopes. **Manual de normas e procedimentos de Biossegurança**. Maceió, 2006. Disponível em: <http://www.saude.al.gov.br/sites/default/files/Manual%20de%20Normas%20e%20Procedimentos%20de%20Biosseguran%C3%A7a.pdf>. Acesso em: 10 nov. 2013.

ALTERTHUM, F.; TRABULSI, L. R. **Microbiologia**. 4. ed. São Paulo: Atheneu, 2004.

ASSAD, C.; COSTA, G. **Manual técnico de limpeza e desinfecção de superfícies hospitalares e manejo de resíduos**. Rio de Janeiro: Ibam/Comlurb, 2010.

ASSOCIAÇÃO PAULISTA DE ESTUDOS E CONTROLE DE INFECÇÃO HOSPITALAR (APECIH). **Precauções e isolamento**. São Paulo: APECIH, 1999.

BAHIA. Secretaria da Saúde. **Manual de Biossegurança**: Unidades de Saúde. Salvador, 2001. Parte II. Disponível em: <http://www.ccs.saude.gov.br/visa/publicacoes/arquivos/P2_Unidades_de_Sa%C3%BAde.pdf>. Acesso em: 24 out. 2019.

BASSO, M.; ABREU, E. S. **Limpeza, desinfecção de artigos e áreas hospitalares e antissepsia**. 2. ed. São Paulo: APECIH, 2004. p. 18-33.

BLOCK, S. S. (Ed.). Historical review. In: BLOCK, S. S. **Disinfection, sterilization and preservation**. 5. ed. Filadélfia: Lippincott Williams & Wilkins, 2001. p. 3-18.

BRASIL. Agência Nacional de Vigilância Sanitária. **A agência**. 4 jul. 2012. Disponível em: <http://portal.anvisa.gov.br/>. Acesso em: 24 out. 2019.

_____. **Boas práticas em microbiologia clínica**: noções gerais para boas práticas em microbiologia clínica. Curso. Brasília, 2008. Módulo 1, p. 2-5. Disponível em: <http://www.anvisa.gov.br/servicosaude/controle/rede_rm/cursos/boas_praticas/modulo1/biosseguranca.htm>. Acesso em: 24 out. 2019.

_____. **Consulta Pública nº 104, de 23 de dezembro de 2002**. Brasília, 2002. Disponível em: <http://www4.anvisa.gov.br/base/visadoc/CP/CP%5B3631-1-0%5D.PDF>. Acesso em: 24 out. 2019.

_____. **Higienização das mãos em serviços de saúde**. Brasília, 2007. Disponível em: <http://www.anvisa.gov.br/servicosaude/manuais/paciente_hig_maos.pdf>. Acesso em 24 out. 2019.

_____. **Manual de microbiologia clínica para o controle de infecção em serviços de saúde**. Brasília, 2004a. Disponível em: <https://bvsms.saude.gov.br/bvs/publicacoes/manual_microbiologia_completo.pdf>. Acesso em: 24 out. 2019.

_____. **Microbiologia clínica para o controle de infecção relacionada à assistência à saúde**: biossegurança e manutenção de equipamentos em laboratório de microbiologia clínica. Brasília: Anvisa, 2013. Módulo 1.

_____. **Segurança do paciente em serviços de saúde: limpeza e desinfecção de superfícies**. Brasília, 2010a. Disponível em: <https://www20.anvisa.gov.br/segurancadopaciente/index.php/publicacoes/item/seguranca-do-paciente-em-servicos-de-saudelimpeza-e-desinfeccao-de-superficies>. Acesso em: 24 out. 2019.

_____. **Segurança e controle de qualidade no laboratório de microbiologia clínica**. Brasília, 2004b. Módulo II. Disponível em: <http://www.anvisa.gov.br/servicosaude/microbiologia/mod_2_2004.pdf>. Acesso em: 24 out. 2019.

BRASIL. Conselho Nacional de Saúde. **Boletim do Conselho Nacional de Saúde**, ano 1, n. 1, nov. 1998. Disponível em: <http://conselho.saude.gov.br/biblioteca/boletins/BoletimCNS_01.pdf>. Acesso em: 24 out. 2019.

BRASIL. Ministério da Agricultura, Pecuária e Abastecimento. Secretaria de Defesa Agropecuária. Departamento de Saúde Animal. Coordenação Geral de Combate às Doenças. Coordenação de Sanidade Avícola. **Plano de contingência para Influenza aviária e doença de Newcastle**. Brasília, 2013. Disponível em: <http://abpa-br.com.br/files/Plano-de-Contingencia-Versao-1-4.pdf>. Acesso em: 30 jul. 2019.

BRASIL. Ministério da Saúde. Agência Nacional de Saúde Suplementar. **Glossário temático de saúde suplementar**. Brasília, 2009b. (Série A. Normas e Manuais Técnicos). Disponível em: <http://bvsms.saude.gov.br/bvs/publicacoes/glossario_saude_suplementar.pdf>. Acesso em: 24 out. 2019.

_____. Agência Nacional de Vigilância Sanitária. **Manual de gerenciamento de resíduos de serviços de saúde**. Brasília: Ministério da Saúde, 2006b.

_____. Agência Nacional de Vigilância Sanitária. **Pediatria**: prevenção e controle de infecção hospitalar. Brasília: Ministério da Saúde, 2006c.

_____. Coordenação de Controle de Infecção. **Processamento de artigos e superfícies em estabelecimentos de saúde**. Brasília: Ministério da Saúde, 1994a.

_____. Decreto nº 5.705, de 16 de fevereiro de 2006. Promulga o Protocolo de Cartagena sobre Biossegurança da Convenção sobre Diversidade Biológica. **Diário Oficial da República Federativa do Brasil**, Poder Executivo, Brasília, 17 fev. 2006a. Seção I, p. 3.

_____. **Diretrizes gerais para o trabalho em contenção com agentes biológicos**. 3. ed. Brasília, 2010b. (Série A. Normas e Manuais Técnicos). Disponível em: <http://www2.fcfar.unesp.br/Home/CIBio/DiretrizesAgenBiologicos.pdf>. Acesso em: 30 nov. 2013.

_____. **Glossário temático DST e AIDS**. Brasília, 2006c. (Série A. Normas e Manuais Técnicos). Disponível em: <http://bvsms.saude.gov.br/bvs/publicacoes/glossario_dst_aids.pdf>. Acesso em: 24 out. 2019.

_____. Lei nº 11.105, de 24 de março de 2005. **Diário Oficial da República Federativa do Brasil**, Poder Executivo, Brasília, 28 mar. 2005a. Seção I, p. 1.

_____. Lei nº 8.080, de 19 de setembro de 1990. Dispõe sobre as condições para a promoção, proteção e recuperação da saúde, a organização e o funcionamento dos serviços correspondentes e dá outras providências. **Diário Oficial da República Federativa do Brasil**, Poder Executivo, Brasília, 20 set. 1990. Seção I, p. 18055.

_____. **Normas para projetos físicos de estabelecimentos assistenciais de saúde**. Brasília, 1995. Disponível em: <http://bvsms.saude.gov.br/bvs/publicacoes/normas_montar_centro_.pdf>. Acesso em: 24 out. 2019.

_____. **Portaria nº 2.616, de 12 de maio de 1998**. Brasília, 1998. Disponível em: <http://portal.anvisa.gov.br/wps/wcm/connect/8c6cac8047457a6886d6d63fbc4c6735/PORTARIA+N%C2%B0+2.616,+DE+12+DE+MAIO+DE+1998.pdf?MOD=AJPERES>. Acesso em: 24 out. 2019.

BRASIL. Ministério do Trabalho e Emprego. **Norma Regulamentadora nº 10**: Segurança em Instalações e Serviços em Eletricidade. Brasília, 1978. Disponível em: <https://enit.trabalho.gov.br/portal/images/Arquivos_SST/SST_NR/NR-10.pdf>. Acesso em: 24 out. 2019.

_____. **Norma Regulamentadora nº 32**: Segurança e Saúde no Trabalho em Serviços de Saúde. Brasília, 2005b. Disponível em: <http://trabalho.gov.br/images/Documentos/SST/NR/NR32.pdf>. Acesso em: 24 out. 2019.

_____. Portaria nº 25, de 29 de dezembro de 1994. **Diário Oficial da República Federativa do Brasil**, Poder Executivo, Brasília, 30 dez. 1994b. Seção I, p. 21280-21282.

CAMPO, P. A. S. **Boas práticas agrícolas para produção de alimentos seguros no campo**: perigos na produção de alimentos. Brasília: Embrapa Transferência de Tecnologia, 2005. Disponível em: <https://www.embrapa.br/busca-de-publicacoes/-/publicacao/854894/boas-praticas-agricolas-para-producao-dealimentos-seguros-no-campo-perigos-na-producao-de-alimentos>. Acesso em: 30 jul. 2019.

CENTERS FOR DISEASE CONTROL AND PREVENTION (CDC). Departamento de Saúde e Serviços Humanos dos Estados Unidos. **Biossegurança em laboratórios biomédicos e de microbiologia**. 4. ed. Washington: CDC, 1999. Tradução: Ministério da Saúde. Fundação Nacional da Saúde. Brasília, 2000.

_____. Guideline for Hand Hygiene in Health-Care Settings: Recommendations of the Healthcare Infection Control Practices Advisory Committee and the HICPAC/SHEA/APIC/IDSA Hand Hygiene Task Force. **MMWR Recomm**. Rep., Atlanta, v. 51, n. RR-16, p. 1-45, out. 2002.

CESMAC CENTRO UNIVERSITÁRIO. **Manual de biossegurança nutrição**. Maceió, 2015. Disponível em: <https://www.cesmac.edu.br/admin/wp-content/uploads/2018/10/Manual-de-Biosseguranca-do-Cursode-Nutricao-2015.pdf>. Acesso em: 20 jul. 2019.

COIA, J. E. *et al*. Guidelines for the Control and Prevention of Methicillin-Resistant Staphylococcus aureus (MRSA) in Healthcare Facilities. **J. Hosp. Infect.**, Londres, v. 63, n. 1, p. S1-44, maio 2006. Suplemento.

COIRADAS, A. O. **Anotação de aula da disciplina de microbiologia e parasitologia**. UNIVILLE, 4 abr. 2013.

CONSELHO FEDERAL DE MEDICINA (CFM). Resolução nº 1.931, de 17 de setembro de 2009. Código de Ética Médica. **Diário Oficial da República Federativa do Brasil**, Poder Executivo, Brasília, 24 set. 2009a. Seção I, p. 90.

FERNANDES, A. T.; FERNANDES, M. O. V.; RIBEIRO FILHO, N. As bases do hospital contemporâneo: a enfermagem, os caçadores de micróbios e o controle de infecção. In: FERNANDES, A. T. **Infecção Hospitalar e suas Interfaces na Área da Saúde**. São Paulo: Atheneu, 2000. p. 56-74.

FRANCO, B. D. G. M.; LANDGRAF, M. **Microbiologia dos Alimentos**. São Paulo: Atheneu, 1996.

GARNER, J. S.; SIMMONS, B. P. CDC Guideline for Isolation Precautions in Hospitals. **Infect. Control.**, Thorofare, v. 17, n. 1, p. 53-80, 1996.

HINRICHSEN, S. L. **Biossegurança e controle de infecções**: risco sanitário hospitalar. Rio de Janeiro: Medsi, 2004. p. 175-203.

HINRICHSEN, S. L. *et al*. Limpeza hospitalar: importância no controle de infecções. In: HINRICHSEN, S. L. **Biossegurança e controle de infecções**: risco sanitário hospitalar. Rio de Janeiro: Medsi, 2004. p. 175-203.

HUGONNET, S.; PITTET, D. Hand Hygiene: Beliefs or Science? **Clin. Microbiol. Infect.**, Oxford, v. 6, n. 7, p. 348-354, jul. 2000.

KAZMIERSKI, A. L. S.; GRAVENA, A. **K23 Curso de Formação de Operadores de Refinaria**: higiene industrial. Curitiba: Petrobras/Unicenp, 2002.

LARSON, E. L. Hygiene of Skin: When is Clean too Clean. **Emerg. Infect. Dis.**, Nova York, v. 7, n. 2, p. 225-30, mar./abr. 2001.

MACDONALD, A. *et al*. Performance Feedback of Hand Hygiene, Using Alcohol Gel as the Skin Decontaminant, Reduces the Number of Inpatients Newly Affected by MRSA and Antibiotic Costs. **J. Hosp. Infect.**, Londres, v. 56, n. 1, p. 56-63, jan. 2004.

MARTINS, M. A. **Manual de infecção hospitalar**: epidemiologia, prevenção, controle. Rio Janeiro: Medsi, 2001.

MOZACHI, N. **O hospital**: manual do ambiente hospitalar. Curitiba: Os Autores, 2005.

MURRAY P. R. *et al*. **Microbiologia Médica**. 5. ed. Rio de Janeiro: Elsevier, 2006.

NOGUERAS, M. *et al*. Importance of Hand Germ Contamination in Health-care Workers as Possible Carriers of Nosocomial Infections. **Rev. Inst. Med. Trop.**, São Paulo, v. 43, n. 3, p. 149-152, maio/jun. 2001.

PESSINI, L.; BARCHIFONTAINE, C. P. **Problemas atuais de Bioética**. 8. ed. São Paulo: Centro Universitário São Camilo: Loyola, 2007. p. 62.

RODRIGUES, E. A. C. Histórico das infecções hospitalares. In: RODRIGUES, E. A. C. *et al*. **Infecções hospitalares:** prevenção e controle. São Paulo: Sarvier, 1997. p. 3-27.

SEMMELWEIS, I. The Etiology, Concept and Prophylaxis of Childbed Fever [Excerpts]. In: BUCK, C. *et al*. (Ed.). **The Challenge of Epidemiology**: Issues and Selected Readings. Washington: PAHO, 1988. n. 505. p. 46-59.

SILVA, J. V.; BARBOSA, S. R. M.; DUARTE, S. R. M. P. (Org.). **Biossegurança no contexto da saúde**. São Paulo: Érica, 2013.

STAINKI, D. R. **Métodos de controle dos micro-organismos**. Santa Maria: UFSM, [s.d.]. Disponível em: <http://coral.ufsm.br/microgeral/Conteudo%20teorico/Metodos%20de%20controle%20dos%20microorganismos.pdf>. Acesso em: 15 dez. 2013.

TORRES, S.; LISBOA, T. **Gestão dos serviços de limpeza, higiene e lavanderia em estabelecimentos de saúde**. 3. ed. São Paulo: Sarvier, 2008.

TORTORA, G. J.; FUNKE, B. R.; CASE, C. L. **Microbiologia**. 6. ed. Porto Alegre: Artmed, 2000.

TRAMPUZ, A.; WIDMER, A. F. Hand Hygiene: A Frequently Missed Lifesaving Opportunity during Patient Care. **Mayo Clin. Proc.**, Rochester, v. 79, n. 1, p. 109-116, jan. 2004.

WORLD HEALTH ORGANIZATION (WHO). **WHO Guidelines on Hand Hygiene in Health Care (Advanced Draft)**. Geneva: WHO, 2005.

MARCAS REGISTRADAS

Todos os nomes registrados, marcas registradas ou direitos de uso citados neste livro pertencem aos seus respectivos proprietários.

GLOSSÁRIO

A

Abono: valor pago pelos empregadores aos seus funcionários para suprir determinadas necessidades do serviço ou bonificar desempenhos por méritos e/ou produtividades.

Absenteísmo: ausência dos trabalhadores no expediente de trabalho por falta ou atraso (justificada ou não).

Alta tensão (AT): tensão superior a 1.000 V em corrente alternada ou 1.500 V em corrente contínua entre fases ou entre fase e terra.

Alteridade: princípio do direito do trabalho pelo qual o empregado não assume os riscos da atividade econômica que exercer; quem responde em caso de prejuízo é a empresa.

Aluminiose: doença ocupacional que acomete trabalhadores expostos durante alguns anos ao alumínio (Al) sem proteção adequada.

Área: primeiro nível da organização; contempla os departamentos e setores. Temos, por exemplo, a área de Recursos Humanos, constituída pelo Departamento de Pessoal, que abrange os setores de Admissão, Demissão, Folha de Pagamento etc. Nesse nível, são tomadas decisões estratégicas de longo prazo, apresentando os resultados dos departamentos.

Área classificada: local com potencialidade de atmosfera explosiva.

Asbestose: doença ocupacional de origem respiratória. Sem proteção adequada, a longa exposição ocupacional do trabalhador ao amianto, ou asbesto (em pequenas partículas em forma de fibra), causa fibrose pulmonar intensa e muito grave.

Atmosfera explosiva: mistura com o ar, sob condições atmosféricas, de substâncias inflamáveis na forma de gás, vapor, névoa, poeira ou fibras, na qual, após ignição, a combustão se propaga.

Auditoria do sistema de gestão ambiental: processo sistemático e documentado de verificação para avaliar evidências que determinam se o sistema de gestão ambiental de uma organização está em conformidade.

B

Baixa tensão (BT): tensão superior a 50 V em corrente alternada ou 120 V em corrente contínua e igual ou inferior a 1.000 V em corrente alternada ou 1.500 V em corrente contínua entre fases ou entre fase e terra.

Bissinose: doença ocupacional que acomete trabalhadores expostos durante alguns anos às fibras de algodão sem proteção adequada.

C

Colonização: crescimento e multiplicação de um micro-organismo em superfícies epiteliais do hospedeiro, sem expressão clínica ou imunológica. Exemplo: microbiota humana normal.

Contaminação: presença transitória de micro-organismos em superfície sem invasão tecidual ou relação de parasitismo. Pode ocorrer em objetos inanimados ou em hospedeiros. Exemplo: microbiota transitória das mãos.

D

Delegação: atividades delegadas visando ao maior encorajamento dos colaboradores em busca de inovação e novas ideias.

Departamento: segundo nível da organização, com os setores sob sua responsabilidade. Nesse segmento, as decisões tomadas são consideradas táticas a médio e curto prazos.

Desenvolvimento sustentável: desenvolvimento capaz de suprir as necessidades da geração atual sem comprometer as necessidades das gerações futuras.

Dióxido de carbono: gás atmosférico com um átomo de carbono e dois de oxigênio.

Direito de recusa: instrumento que assegura ao trabalhador o direito à interrupção de uma atividade de trabalho por considerar que ela envolve grave e iminente risco à sua segurança e saúde ou de outras pessoas.

Disseminador: indivíduo que elimina o micro-organismo patogênico para o meio ambiente. Pode se tornar um disseminador perigoso quando passa a ser fonte de surtos de infecção. Tratando-se de um profissional de saúde, este deve ser afastado das atividades de risco até que se reverta a eliminação do agente. Exemplo: profissional de saúde com lesão infecciosa de pele.

Downsizing: visa a uma estrutura de hierarquia mais objetiva, com menos níveis hierárquicos.

E

Elaioconiose: doença ocupacional que acomete trabalhadores expostos a óleos e graxas sem proteção adequada.

Equidade: princípios de lealdade e devoção de cada funcionário à empresa, que devem nortear as ações dos indivíduos na organização.

Equipamento de proteção coletiva (EPC): dispositivo, sistema ou meio, fixo ou móvel, de abrangência coletiva, destinado a preservar a integridade física e a saúde de trabalhadores, usuários e terceiros.

Escopo: finalidade, propósito.

Estanose: doença ocupacional que acomete trabalhadores expostos durante alguns anos ao estanho sem proteção adequada. Exemplo: osteomielite em paciente com sepse por esse agente.

F

Firma: nome civil de um ou mais sócios utilizado para as sociedades em nome coletivo, de capital e indústria, em comandita simples e opcionalmente em sociedades limitadas. Sua configuração pode ser tanto por extenso quanto abreviada.

Fusões e aquisições: avaliação da possibilidade de aquisição de empresas menores ou mesmo a busca de fusões estrategicamente viáveis.

G

Gestão ambiental: administração do exercício de socioeconômicas e sociais a fim de utilizar racionalmente os recursos naturais, renováveis ou não.

H

Hidrargirismo: doença ocupacional que acomete trabalhadores expostos ao mercúrio sem proteção adequada.

Honorário: remuneração recebida pelos profissionais liberais.

Hora-homem: tempo de mão de obra necessário para produção.

Hora-máquina: tempo de máquina necessário para produção.

Horas de preparação: referem-se ao intervalo de tempo necessário para confecção de determinado bem ou serviço.

I

Ícone: representação pictoresca do objeto; as imagens, de modo geral, são ícones.

Índice: todas as sugestões ou indícios de determinada causa. Representa algo que não está presente, porém, essa representação decorre de uma relação de causalidade.

Infecção: danos decorrentes da invasão, multiplicação e ação de agentes infecciosos e de seus produtos tóxicos no hospedeiro, ocorrendo interação imunológica.

Infecção comunitária (IC): constatada, ou em incubação, no ato de admissão do paciente no hospital, desde que não relacionada à internação anterior no mesmo hospital.

Infecção endógena: oriunda da própria microbiota do paciente. Exemplo: infecções por enterobactérias em imunossuprimidos.

Infecção exógena: resultante da transmissão a partir de fontes externas ao paciente. Exemplo: varicela.

Infecção hospitalar (IH): adquirida após a admissão do paciente no hospital, manifesta-se durante sua estada ou após a alta e pode estar relacionada à internação ou aos procedimentos hospitalares.

Infecção metastática: expansão do agente etiológico para novos sítios de infecção.

Infecção não prevenível: aquela que acontece a despeito de todas as precauções tomadas.

Infecção prevenível: aquela em que a alteração de algum evento relacionado pode implicar sua prevenção. Exemplo: infecção cruzada (transmitida de um paciente para outro, geralmente tendo como veículo o profissional de saúde).

Intoxicação: danos decorrentes da ação de produtos tóxicos, que também podem ser de origem microbiana. Exemplo: toxinfecção alimentar.

Invólucro: envoltório de partes energizadas destinado a impedir qualquer contato com partes internas.

M

Matéria-prima: material que será transformado pela empresa, por meio do processo produtivo, em produto acabado. Exemplo: madeira (matéria-prima para a produção de móveis).

Microempresa: pessoas jurídicas e firmas individuais regidas pela Lei nº 9.841/99, que possuem receita bruta anual igual ou inferior a R$ 360.000,00.

O

Ordem: zelo e organização com relação a bens e materiais, que devem ser mantidos em todas as empresas, preservando seus lugares e suas condições.

Organização: companhia, corporação, firma, empresa, instituição, ou parte ou combinação destas, pública ou privada, sociedade anônima, limitada ou com outra forma estatutária, que tem funções e estrutura administrativas próprias.

P

Peças ou serviços/hora: demais insumos necessários à produção.

Perigo: situação ou condição de risco com probabilidade de causar lesão física ou dano à saúde das pessoas por ausência de medidas de controle.

Portador: indivíduo que alberga um micro-organismo específico, podendo ou não apresentar quadro clínico atribuído ao agente, e que serve como fonte potencial de infecção. Exemplo: portador do vírus da hepatite B.

Procedimento: sequência de operações a serem desenvolvidas para realização de determinado trabalho, com inclusão dos meios materiais e humanos, medidas de segurança e circunstâncias que impossibilitam sua realização.

Pulmão negro: doença ocupacional que acomete trabalhadores expostos durante alguns anos ao minério de carvão sem proteção adequada.

R

Reengenharia: busca pela reinvenção das práticas de negócios agregando mais valor ao cliente.

Responsabilidade social: forma de gestão definida pela relação ética e transparente da empresa com todos os públicos com os quais ela se relaciona.

Risco: potencial para causar lesões ou danos à saúde das pessoas.

S

Sanção: ato do governo para aprovar leis, decretos e regulamentos, bem como para aplicar penalidades.

Saturnismo: doença ocupacional que acomete trabalhadores expostos ao chumbo sem proteção adequada.

Setor: considerado o terceiro nível da organização, contempla a operacionalização das atividades, tendo foco operacional e de curto prazo.

Siderose: doença ocupacional que acomete trabalhadores expostos durante alguns anos ao ferro (Fe) sem proteção adequada.

Silicose: doença ocupacional ocasionada pela longa exposição do trabalhador sem proteção adequada a poeiras de sílica, livre e cristalina, em pequenas partículas geradas em processos industriais, como em jateamento de areia, lixamento de peças de cerâmica, britagem etc.

Símbolo: determinados códigos, placas, objetos, ações ou pinturas que representam conceitos, conjuntos de ideias, normas, regras, atitudes etc.

Sistema de gestão ambiental: parte do sistema de gestão global que inclui atividades de planejamento, responsabilidades, práticas, procedimentos, processos e recursos para desenvolver, implementar, atingir, analisar criticamente e manter a política ambiental.

V

Vereda: fitofisionomia de savana, encontrada em solos hidromórficos, usualmente com a palmeira arbórea *Mauritia flexuosa* (buriti emergente), sem formar dossel, em meio a agrupamentos de espécies arbustivo-herbáceas.